Das PFERD

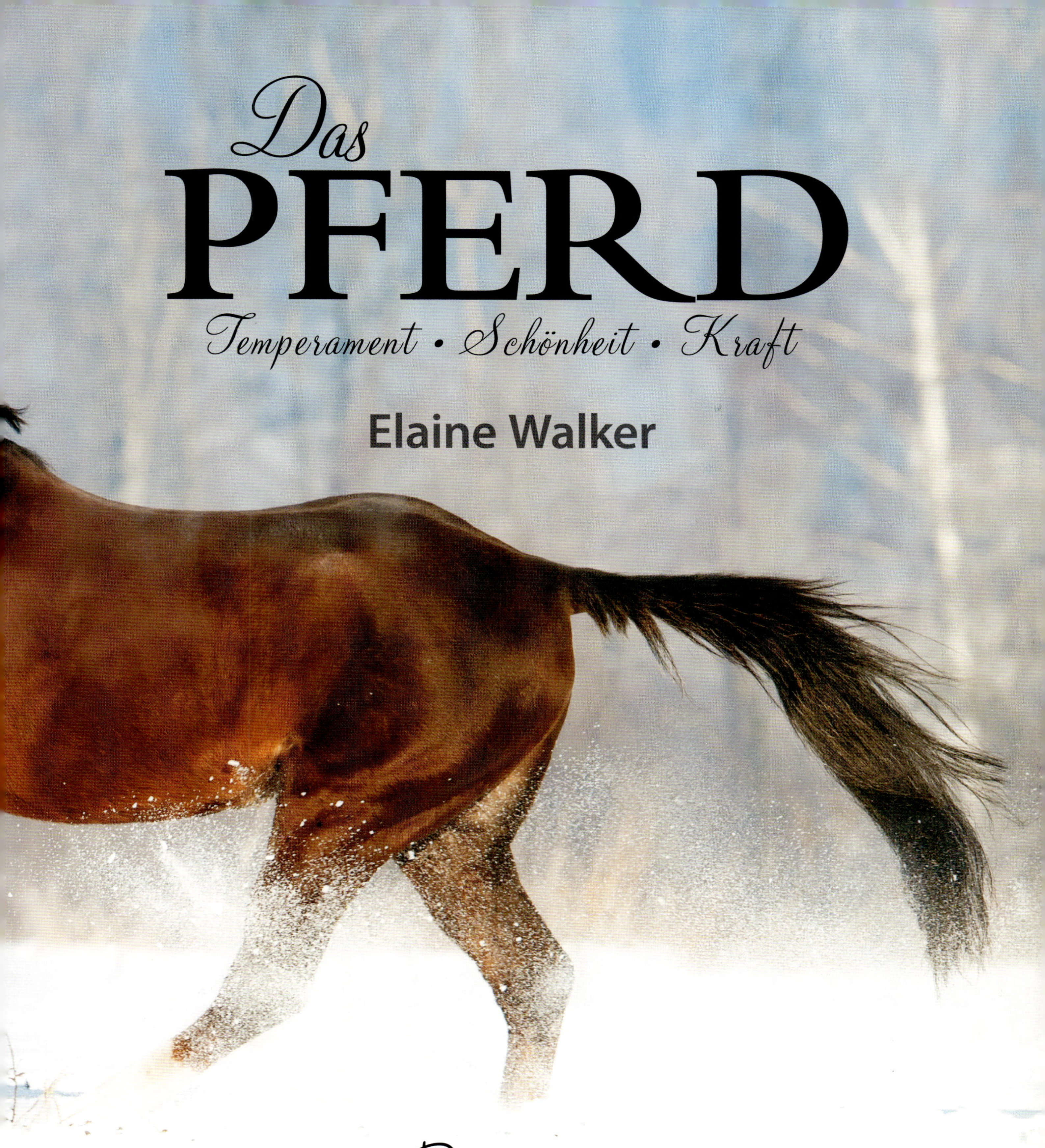

Das PFERD

Temperament • Schönheit • Kraft

Elaine Walker

Parragon

Bath • New York • Cologne • Melbourne • Delhi
Hong Kong • Shenzhen • Singapore • Amsterdam

Autor: Elaine Walker
Lektorat: Philip de Ste. Croix
Layout: Sue Pressley
Projektmanagement: Andrea O'Connor
Herstellung: Joe Xavier

Parragon Books Ltd
Chartist House
15–17 Trim Street
Bath, BA1 1HA UK
www.parragon.com

Realisation der deutschen Ausgabe:
trans texas publishing services GmbH, Köln
Übersetzung: Susanne Lück, Köln;
Anke Wellner-Kempf, Jetzendorf;
Susanne Schmidt-Wussow, Berlin

ISBN 978-1-4723-5797-7

Printed in China

Gewidmet Rowan und Ruby

Dank:
Die Autorin möchte für die Hilfe bei den Recherchen Jennifer Sheerin von Western Tack Trader, Ross Delap von Roslay Shetland Ponies, und Louise Parker von Trevor Hall Farm Curly Horses danken.
Besonderer Dank gilt wie immer Alison Layland und Martine Bailey, die als Erste meine Texte lesen.

Inhalt

Einführung

Elaine Walker

Seit mindestens viertausend Jahren inspiriert das Pferd den Menschen immer wieder aufs Neue. Abbildungen von Pferden sind sowohl unter den ältesten bekannten Wandmalereien als auch in der modernen Kunst zu finden. In der Geschichte der Zivilisation war das Pferd häufig der entscheidende Faktor, der Reisen, Entdeckungen und Wachstum ermöglichte. Ganze Imperien wurden zu Pferd gegründet, gefestigt, erweitert und schließlich verloren. In unserer modernen Kultur wird das Pferd hauptsächlich mit Freizeitaktivitäten in Verbindung gebracht – nach wie vor gehört es zu den beliebtesten und bekanntesten Tieren, das überall auf der Welt in einer faszinierenden Vielfalt von Größen und Farben mit dem Menschen zusammenlebt.

In freier Wildbahn führen Pferde am liebsten ein ruhiges Leben, ziehen auf der Suche nach den besten Weidegründen umher und verbringen viel Zeit mit kollektivem Nichtstun im Herdenverband. Als Fluchttiere sind sie dazu geboren, blitzschnell vor Gefahren davonzulaufen, aber meistens bewegen sie sich entspannt und instinktiv energiesparend. Dennoch haben sie Menschen Millionen von Kilometern weit getragen, auf Farmen, in Gemeinden und in Betrieben gearbeitet und in die Schlacht begleitet. Nichts davon entspricht der Natur des Pferdes, dennoch steht sein Potenzial als bereitwilliger Begleiter des Menschen im Zentrum dieser erfolgreichen Partnerschaft.

Dieses Buch vermittelt in vielen herrlichen Bildern die Kraft und Schönheit des Pferdes und geht der Frage nach, warum sich ein Pferd mit einem Menschen, dem es vertraut, sogar in Situationen begibt, die seinen natürlichen Instinkten widersprechen. Wer das verstanden hat, dem eröffnet sich das Wesen des Pferdes, sodass eine dauerhafte Bindung zu diesem schönen und empfindsamen Tier möglich wird.

Ich habe mein ganzes Leben lang Pferde gehalten und lerne beim Beobachten meiner Herde täglich etwas Neues über Instinkte und Körpersprache. Kürzlich teilte die kleine Herde aus vier Appaloosas und zwei Eseln ihre Koppel mit sechs Minishettys. Es war faszinierend, die Interaktion der beiden Gruppen zu beobachten. Sie lernten sich zunächst über einen Zaun kennen, und als ich sie alle zusammen auf die Koppel ließ, hatten sie sich bereits miteinander angefreundet. Die winzigen Ponys mischten sich sofort unter meine viel größeren Pferde, die alle ein Stockmaß von 152 bis 163 cm haben. Die Herden als solche blieben jedoch bestehen, auch wenn sie gemeinsam über die Felder ziehen. Oft blicke ich aus dem Fenster und sehe zwei vollkommen getrennte Gruppen, die jedoch schon eine Stunde später zu einer großen Gemeinschaft zusammenfinden. Die Esel gehen normalerweise ihre eigenen Wege und halten sich nur zuweilen bei den Pferden auf, sind jedoch immer beieinander.

In der Miniponyherde leben mehrere Jungpferde zwischen ein und drei Jahren. Sie haben sich mit meiner zweijährigen Appaloosa-Quarter-Horse-Stute Ruby angefreundet, die nun häufig inmitten einer kniehohen Gefolgschaft umherwandert, und zusammen bilden sie eine dritte Gruppe von Jungpferden, die sich aus Einzeltieren der beiden bestehenden Herden zusammensetzt. Bemerkenswerterweise lässt die mutigste junge Shetland-Stute ihre Gemeinschaft komplett zurück und schließt sich meinen Pferden an, während sich Ruby nur unter die Shetland-Herde mischt, wenn diese sich in der Nähe ihrer eigenen befindet.

Angeführt werden die Shettys von einer Matriarchin, und ich habe schon mehr als einmal gesehen, wie meine 152 cm große Kleine von dieser Ministute zurechtgewiesen wurde. Sie wirft einfach nur den Kopf hin und her, wenn sie nicht möchte, dass Ruby an ihr vorbeigeht, und Ruby bleibt stehen und wartet auf Erlaubnis weiterzugehen. Soweit ich das verstehe, gibt es keinen anderen Grund für dieses Verhalten als den, Ruby zur Höflichkeit zu ermahnen. In meiner eigenen Herde aus zwei alten Wallachen und einer weiteren jungen Stute dagegen genießt Ruby ein gewisses Maß an Narrenfreiheit – vielleicht sind ja diese Verhältnisse dem winzigen älteren Pferd einfach ein wenig zu locker!

Solch faszinierende Beobachtungen kann jeder machen, der sich die Zeit nimmt, Pferden auf der Koppel zuzusehen. Manchmal ist es von Vorteil, die Tiere nicht zu kennen, weil die ersten Eindrücke dann nicht auf der Vertrautheit mit einzelnen Charakteren basieren.

In diesem Buch möchte ich die Freude und die Einsichten mit meinen Lesern teilen, die eine aufmerksame Beobachtung mit sich bringt. Die Fotos sollen dazu beitragen, Pferde aus einer neuen Perspektive beobachten zu lernen, sodass Sie Nuancen ihres Verhaltens erkennen und einordnen können. Es werden auch einige der zahlreichen Rassen aus der ganzen Welt vorgestellt, und ich hoffe, Ihr Lieblingspferd ist dabei. Vielleicht entdecken Sie ja sogar eine ganz neue Lieblingsrasse, die in Ihren Augen das Wesen des Pferdes besonders gut verkörpert.

Herdenläufer

Spuren einer wilden Vergangenheit

“Ein Donnern aus der Ferne. Gewitter? Nein – es kommt näher, bleibt im stetigen Rhythmus, schwillt an. Von fern nähert sich eine Herde von Pferden, dahinter der goldene Sonnenuntergang. Sie brausen über die grünen Wiesen wie ein Vogelschwarm durch die Luft, geleitet von nur einem Instinkt. Der kräftige Schlag vieler Herzen im selben Takt. Der Wind gleitet durch Mähnen und Schweife, Schweiß glänzt auf ihrem Fell. Schließlich verschwinden die Pferde wieder mit einer eleganten Kehrtwende über die Hügel. Als sie fort sind, bleiben wir noch eine Weile stehen – in der Hoffnung, sie könnten zurückkehren.”

Der Anblick einer galoppierenden Pferdeherde weckt ein Gefühl von Freiheit und Unruhe. Die kollektive Kraft dieser majestätischen Tiere übt einen unwiderstehlichen Reiz aus. Das Donnern der Hufe setzt Adrenalin frei, und wir suchen nach einem guten Aussichtspunkt – aus sicherer Entfernung. Niemand würde je riskieren, sich einer Herde in den Weg zu stellen. Diese gemeinschaftliche Kraft ist die größte Stärke der Herde. Ein Pferd allein fällt Raubtieren leicht zum Opfer. Doch als Teil der Herde genießt es den Schutz der Augen, Ohren und Instinkte all seiner Gefährten. Die Sicherheit der Herde ist ein entscheidender Faktor in der Wahrnehmung und Realität eines Pferdes.

Wenn eine Herde ruht – und für ein Pferd ist jede beliebige Anzahl Artgenossen eine Herde –, dann bleibt immer ein Tier wachsam. Dieser Wachtposten scheint vielleicht zu dösen, doch wird er instinktiv auf jede kleinste Veränderung in der Umgebung reagieren. Nur selten kommt es vor, dass einmal kein Pferd Wache hält, aber auch nur dann, wenn in alle Richtungen klare Sichtverhältnisse herrschen. Auch unsere zahmen Hauspferde, die seit Generationen keinem größeren Räuber mehr begegnet sind, haben diese instinktive Wachsamkeit nicht verloren.

Wenn sich auf der Weide ein Pferd von der Gruppe entfernt, folgen ihm die anderen bald. Auf der ständigen Suche nach dem saftigsten Gras findet die Herde immer wieder zusammen. Die unsichtbare Kommunikation, die Abstimmung mit der Gruppe, reißt niemals ab.

Rechts: *Der spielerische Kontakt mit dem Maul beweist, dass sich die beiden sehr wohl miteinander fühlen. Das weiche Maul ist einer der empfindlichsten Körperteile eines Pferdes.*

Pferde sind von Natur aus Herdentiere und brauchen Gefährten. Deshalb ist es auch keine gute Idee, nur ein einzelnes Pferd zu halten – das Alleinsein stellt eine Belastung dar. Pferde sind viel glücklicher, wenn andere Tiere in der Nähe sind, auch wenn es nur die Hofkatze ist. Auf der Weide grasen sie immer noch lieber mit Schafen als ganz allein. Aber was sie eigentlich brauchen, ist ein pferdeähnlicher Gefährte. Wenn kein anderes Pferd zur Verfügung steht, können Pferde auch enge Verbindungen mit Eseln eingehen.

Die soziale Körperpflege, bei der zwei Pferde Kopf an Schweif nebeneinanderstehen und sich gegenseitig das Fell mit den Zähnen kratzen, dient mehr als nur der simplen Reinigung. Sie ist ein Zeichen von Zuneigung und starker sozialer Bindung, die den Zusammenhalt untereinander stärkt.

So sehr wir daran gewöhnt sind, Pferde im Stall, eingegrenzt von Wänden oder Zäunen, zu sehen – ihr natürlicher Instinkt treibt sie eigentlich an, Beschränkungen zu ihrer eigenen Sicherheit zu vermeiden. Sicherheit geht Pferden über alles; und sie finden sie durch ihren Platz in einer Herde. Wir sehen darin schnell eine Hierarchie, sind wir doch selbst Räuber und verstehen die Regeln der Meute viel besser als die der gejagten Herde. Aber Herdentiere sind durch weit komplexere Interaktion an ihre Herde gebunden als durch eine einfache

Gegenüber: *Der Blick dieses Hengstes ist ruhig, doch seine Haltung und die Stellung der Ohren verraten Aufmerksamkeit. So würde er auch über seine Herde wachen.*

Hackordnung. Je besser wir die wechselnden und vielfältigen Funktionen innerhalb einer Pferdeherde verstehen lernen, desto bessere Beziehungen können wir auch zu unseren eigenen Pferden entwickeln.

Sicherheit in der Gemeinschaft

Wilde Herden werden von einem Hengst bewacht, der seine Stuten und Fohlen beschützt und sich in gefährlichen Zweikämpfen der Herausforderung durch andere Hengste stellt. Den Alltag der Herde zu organisieren ist jedoch Aufgabe erfahrener Stuten, die Vertrauen erwecken und Führungsqualitäten haben. Eine Leitstute bringt den Jungpferden Manieren bei und vertreibt gnadenlos alle, deren Verhalten den friedlichen Status quo der Herde gefährden könnte. Nur wer seinen unterlegenen Rang respektvoll akzeptiert, darf in die Herde zurückkehren. Auch entscheidet die Leitstute, ob sich die Herde auf die Suche nach neuen Weidegründen oder Wasserquellen macht.

Die Ordnung innerhalb der Herde verändert sich je nach Alter und Charakter der einzelnen Tiere. Das trifft ebenso auf zahme Pferde zu. Nicht jedes von ihnen eignet sich als Leitpferd, aber alle wollen sich in ihrer Herde sicher fühlen. Ihr individueller Rang hängt davon ab, wie gut sie sich einfügen oder für Führungspositionen eignen. Auch solche, die keine geborenen Leittiere sind, können einen höheren Rang und damit größere Sicherheit anstreben.

Gerade Pferde, denen es an Selbstvertrauen mangelt, versuchen oft, sozial aufzusteigen, indem sie etwa schwächere und jüngere Tiere dominieren. Aber offene Kämpfe sind in einer Pferdeherde eher selten. Meist reichen dafür der nachdrückliche Einsatz von Körpersprache und die Androhung möglicher Verletzungen.

Pferde zeigen gegenüber ihren Herdengenossen zuweilen extreme Drohgebärden, ohne dass ein Kampf folgt. Warnsignale wie angelegte Ohren verhindern oft schon die offene Konfrontation. Pferde, die sich verteidigen, schlagen nach hinten aus, solche, die angreifen, stürzen vorwärts. Das kann richtig gefährlich aussehen, aber dieses Verhalten zu beobachten, liefert auch lehrreiche Hinweise darauf, wie wir selbst mit unseren Pferden kommunizieren sollten. Wenn ein Pferd versucht, uns vorwitzig aus dem Weg zu drängen, ist es sehr wichtig, ihm nicht auszuweichen – auch wenn das nicht immer leicht ist. Selbst das kleinste Pony ist schließlich stärker als wir.

Doch wenn wir einem Pferd ausweichen, zeigen wir ihm damit, dass wir uns nicht sicher genug fühlen, um unsere Position als Führer dieses Pferdes zu halten. Wir geben ihm zu verstehen, dass wir ihm nicht die notwendige Sicherheit gewähren können und dass man uns ignorieren

Rechts: *Während sich einige Tiere entspannen, bleiben andere wachsam. Zum Ausruhen haben sich die Pferde in dieser Hügellandschaft ein offenes Gelände ausgesucht. In alle Richtungen herrschen klare Sichtverhältnisse.*

und verängstigen kann. All das signalisiert dem Pferd zukünftige Probleme. Erst, wenn wir das Pferd ohne Zögern anweisen zurückzutreten, sobald es uns zu nahe kommt, stellen wir die nötige Balance wieder her.

Studien haben gezeigt, dass es in Herden zahmer Pferde oft aggressiver zugeht als in der Wildnis. Das kann daran liegen, dass eng umzäunte Weiden es den Pferden schwerer machen, sich gegenseitig aus dem Weg zu gehen. Ein weiterer Grund ist Geschlechter- oder Alterstrennung in unausgeglichen zusammengesetzten Gruppen. Jede Langzeitbeobachtung einer Herde verdeutlicht, wie subtil und komplex die Interaktion zwischen den Tieren ausfällt und wie sehr ihr Zusammenleben von Instinkt, Sensibilität und Intelligenz geprägt ist. Oft ist es gar nicht leicht, das subtile Beziehungsgeflecht richtig zu interpretieren. Aber den Pferden geht es stets darum, sich sicher in ihrer Position innerhalb der Herde zu behaupten.

Genau dieses Bedürfnis nach souveräner Führung hat es uns über die Jahrhunderte erlaubt, mit Pferden enge Arbeitsbeziehungen einzugehen und manchmal auch dauerhaft Freundschaft zu schließen. Die Beziehung zwischen Pferden untereinander ist ähnlich, wie die zu Menschen, geprägt von Sicherheitsbedürfnis und Respekt. Aggressive Jungpferde bekommen in der Herde

Links: *In der Herde fühlen sich Pferde sicher. Als menschliche Gefährten müssen wir ihnen einen souveränen Führungsstil bieten – so lassen sie sich vertrauensvoll auf unser Freundschaftsangebot ein.*

rasch zu spüren, dass ihr Verhalten und ihr Status in der Herde kein Vertrauen schaffen. Durch dominante Einschüchterung gelingt es einem Pferd vielleicht, sich in der Herde Zugriff aufs beste Futter zu sichern. Doch das Leittier wird immer ein ruhiges und selbstsicheres Pferd sein. Ihm folgen im Zweifel alle anderen.

Was lehrt uns diese Beobachtung? Einer Person, die ruhig, konzentriert und selbstsicher agiert, ordnet sich ein Pferd bereitwilliger unter, denn sie beweist Führungsqualität. Wer ein Pferd durch Gewalt zwingt, sich unterzuordnen, kann nie eine langfristige und vertrauensvolle Partnerschaft mit ihm eingehen. Ein Pferd muss die Führung seines Reiters aus freien Stücken anerkennen, wenn beide den Ritt sicher überstehen wollen.

So faszinierend wilde Pferde auch sein mögen, wäre es doch erschreckend, würde sich plötzlich die latente Wildheit unserer Hauspferde Bahn brechen. Wir müssen unser Pferd also beeindrucken, damit es uns in jeder Lage aufrichtig vertraut. Sobald ein Pferd der Leitfähigkeit seines Reiters misstraut, fällt es schnell wieder in seine Instinkte zurück und bricht bei der kleinsten Störung in wilde Flucht aus. Entscheidend für den Erfolg unserer Arbeitsbeziehung zu Pferden ist also unsere Fähigkeit, sie mit Bedacht und Ruhe zu lenken und zur freiwilligen Kooperation zu führen.

“Das **Leittier** wird immer ein **ruhiges** und **selbstsicheres** Pferd sein. Ihm **folgen** im Zweifel **alle** anderen.”

Rechts: *Wilde und zahme Pferde unterscheiden sich zwar auf vielerlei Weise voneinander. Doch der Instinkt des Hengstes, um Stuten und Territorium zu kämpfen, bleibt unverändert.*

Natürlich gibt es einen Unterschied zwischen wilden und zahmen Pferden. Domestizierte Pferderassen verändern sich über Generationen, werden von selektiven Züchtungen, regelmäßiger Futterzufuhr und Schutz vor Gefahren geprägt; ihre wilden Eigenschaften verlieren sich im Lauf der Zeit. Die meisten männlichen Pferde werden in jungen Jahren kastriert, wenn sie nicht gerade Zuchthengste sind. So werden sie wesentlich umgänglicher und können leicht gemeinsam mit anderen Pferden gehalten werden. Damit wird innerhalb einer Herde die Natur der Beziehungen, die bislang weitgehend vom Bedürfnis nach Fortpflanzung angetrieben wurden, erheblich verändert.

Und dennoch ist die grundlegende Natur des Pferdes über Jahrtausende dieselbe geblieben. Fohlen werden nicht zahm geboren, und Jungpferde müssen erst lange Zeit trainiert und eingeritten werden, bevor sie einen Reiter tragen. Egal, wie lange ihre Vorfahren schon domestiziert sind, wir müssen erst ihr Vertrauen gewinnen und sie behutsam an die Arbeit mit uns gewöhnen. Pferde sind äußerst lernwillig. Sie übernehmen viel von anderen zahmen Pferden – und zwar umso besser, je jünger sie sind.

Von Natur aus braucht ein Pferd seine Freiheit. Zum Überleben verlässt es sich auf seinen Fluchtinstinkt, und derselbe Instinkt treibt ein zahmes

Pferd, das in Panik gerät, manchmal in einen Zaun oder auf eine Autostraße. Wenn seine Aufmerksamkeit einmal auf eine drohende Gefahr gelenkt wird, setzt das Bedürfnis eines Pferdes zu fliehen alles andere außer Kraft. Auch wenn es an den wenigsten Orten noch Raubtiere gibt, die ein Pferd tatsächlich anfallen, kann doch jedes unbekannte Objekt, jede plötzliche Bewegung den Fluchtreflex eines Pferdes auslösen. Pferdebesitzer wissen, dass eine flatternde Plastiktüte selbst das ruhigste Pferd ängstigt, besonders wenn sie tags zuvor noch nicht zu sehen war. Alle Instinkte eines Pferdes warnen es vor Veränderungen – auch unbekanntes Terrain, unvertraute Gestalten oder Gerüche weisen auf die mögliche Anwesenheit eines Angreifers hin. Diese Schreckhaftigkeit bedeutet nicht etwa, dass ein Pferd schwierig ist, es erinnert uns einfach an seine Natur als Fluchttier. Auch nach mehreren Tausend Jahren der Domestizierung steckt noch so viel vom einstigen Wildpferd in ihm.

Links: *Der natürliche Instinkt eines Pferdes rät ihm stets, vor Gefahren zu fliehen. Plötzliche Geräusche und Bewegungen oder unvertraute Gegenstände können dieses Verhalten auslösen.*

"**Pferde** werden **nicht zahm** geboren … wir müssen erst ihr **Vertrauen** gewinnen und sie **behutsam** an die Arbeit mit uns **gewöhnen**."

Gegenüber: *Heute ist der Fortbestand der Przewalski-Pferde dank moderner, sorgfältig überwachter Zuchtprogramme gesichert. Früher einmal waren die Menschen, die ihre Rasse retten wollten, eine größere Gefahr als die harten Bedingungen der Wildnis.*

Heute gibt es nur noch eine einzige echte Wildpferdrasse: das *Equus ferus przewalskii*, bekannt als Przewalski-Pferd oder als Asiatisches bzw. Mongolisches Wildpferd. Vor 1879 war dieses stämmige Pferdchen außerhalb seines natürlichen Lebensraums nahezu unbekannt. Dann begab sich der russische Offizier und Naturforscher Nikolai Przewalski auf die Suche nach den sagenhaften Wildpferden, die, wie man ihm zutrug, am Rande der Wüste Gobi überlebt hatten. Zuvor hatte man geglaubt, sie seien von kirgisischen Nomaden ausgerottet worden, die sie wegen ihres Fleisches und zur Ledergewinnung gejagt hatten. Dass kleine Herden nun wiederentdeckt wurden, versetzte die Fachwelt in Aufregung.

Leider schadeten die ersten Versuche, das Przewalski-Pferd zu retten, nur, weil viele der Pferde schon beim Einfangen und später wegen der wenig artgerechten Haltung starben. 1969 gab es keine wild lebenden Przewalski-Pferde mehr in der Mongolei, und obwohl in Europa und den USA Herden in Gefangenschaft gehalten wurden, traten dabei massive Inzuchtprobleme auf, die den Fortbestand der Rasse gefährdeten. Heute haben sich diese robusten Wildpferde dank moderner, sorgfältig überwachter Zuchtprogramme wieder erholt. Schrittweise ließ man sie nach einer langen Eingewöhnungszeit an die neue Unabhängigkeit in ihre ursprüngliche Heimat zurückkehren.

Ab 1998 wurden die Przewalski-Pferde wieder in den russischen Steppen heimisch. Im Hustai-Nationalpark sind die letzten echten Wildpferde der Welt vor menschlichen Übergriffen geschützt, müssen sich jedoch gegen Raubtiere wie etwa Wölfe behaupten. Die Umgebung dort ist bergig, bietet aber auch weite Grasflächen, Salzseen mit Sanddünen, Wälder und Gletscher. Extreme Hitze und Kälte, Überschwemmungen und Dürren haben die widerstandsfähigen kleinen Pferde in diesem harschen Terrain jahrtausendelang geprägt.

Przewalski-Pferde betrachtete man früher als direkte Verbindung zwischen dem Urpferd und modernen Rassen. Heute weiß man, dass es sich um eine ganz eigene Rasse handelt, die 66 Chromosomen statt der 64 unserer zahmen Pferde besitzt. Wie Zebras sind sie extrem schwer zu zähmen und neigen auch dann zu aggressivem Verhalten, wenn sie in Gefangenschaft geboren wurden. Ihr äußeres Erscheinungsbild ähnelt stark den Zeichnungen auf frühen Höhlenmalereien. Bei einem Stockmaß von 122 bis 143 cm weisen die ausgewachsenen Pferde einen gedrungenen Körperbau auf, lange Ohren, eine borstige Stehmähne und einen spärlich behaarten Schweif. Die graugelbe bis falbe Fellfärbung ist ebenso wie der dunkle Aalstrich, der die Wirbelsäule entlang bis zur Mähne verläuft, ein klares Erkennungszeichen.

Die äußere Erscheinung und das Verhalten der Przewalski-Pferde (siehe oben) erinnern daran, dass auch in den modernen Hauspferden nach aller Domestizierung noch immer ein wildes Erbe und ein natürlicher Herdeninstinkt schlummern.

Wilde Herden leben in Gruppen, die man als „Haremsherden“ bezeichnet: Ein Leithengst führt seine Stuten und alle Fohlen, die noch nicht fortpflanzungsfähig sind. Sobald die Jungpferde Geschlechtsreife erlangen, werden sie aus der Herde vertrieben. Manche schließen sich dann Gruppen von Jungpferden beiderlei Geschlechter an, aus denen wiederum neue Herden entstehen, oder sie werden von anderen Haremsherden aufgenommen. Dort leben die Junghengste am Rand der Herde und halten sich meist vom Leit-

hengst fern. Nur besonders starke und selbstbewusste junge Hengste fordern ihn heraus.

Begegnen sich verschiedene Herden an Wasserstellen oder Weidegründen, bleiben sie für gewöhnlich friedlich und vorsichtig im Umgang miteinander – es sei denn, ein Hengst versucht, einem anderen die Stuten zu stehlen. Dann kommt es zu heftigen Kämpfen zwischen den Widersachern, manchmal bis auf den Tod.

Wenn eine Herde durch Wölfe bedroht wird, bilden die Stuten einen Schutzkreis um ihre Fohlen. Der Hengst schreitet den Kreis ab und greift jeden Wolf an, der sich zu nah heranwagt. Stuten ohne eigene Fohlen schließen sich ihm oft an – ein wunderbares Beispiel für die Stärke und den schützenden Zusammenhalt der Herde!

Gegenüber: *Mustang und Cowboy – eine Partnerschaft, die den Pioniergeist verbildlicht, mit dem Mensch und Pferd gemeinsam Herausforderungen meistern.*

Die meisten Pferde, die man heute als „wild" bezeichnet, sind vielmehr „verwildert", da sie ursprünglich von Hauspferden abstammen. Sie unterliegen zwar keinen domestizierenden Einflüssen mehr und sind in jeder Hinsicht wild, doch besitzen sie nicht die inhärent unzähmbare Natur des Przewalski-Pferdes. Die bekanntesten Beispiele sind die nordamerikanischen Mustangs und die australischen Brumbys.

Der Mustang ist eines unserer großen Symbole für den Überlebensgeist der Wildnis. Sein Name stammt möglicherweise vom spanischen Begriff *mesteño* für „herrenlos" ab. Mustangs sind in mehreren US-Staaten zu finden, besonders in Nevada, wo sie 2006 sogar die State-Quarter-Münze zierten. Sie durchstreifen unfruchtbare Landstriche aus Buschweideland, die sich über weite Ebenen bis hin zu felsigen Gipfeln erstrecken. Die Geschichte des Mustangs als ein Pferd, das in die Wildnis zurückgekehrt ist, macht ihn für die Menschen besonders attraktiv.

Heute nimmt man weithin an, dass Mustangs sich aus entflohenen oder herrenlosen Pferden entwickelt haben, die spanische Eroberer im 16. Jahrhundert mit nach Nord- und Südamerika gebracht hatten. Spanische Pferderassen besitzen seit jeher viel Widerstandskraft, und dieses Erbgut leistete den Mustangs gute Dienste, da sie sich mit kargen Weidegründen auf schwierigem Terrain arrangieren mussten. Mustangs haben ein Stockmaß von etwa 143 cm, und ihr Fell kann viele Farben aufweisen – Füchse, Braune und Rotschimmel sind besonders häufig. Der Einfluss von Farmpferden, die der Gefangenschaft entflohen sind oder ihrem Schicksal überlassen wurden, hat die Natur der Mustangs – vor allem im 19. Jahrhundert – maßgeblich mitgeprägt. Berühmt geworden sind sie als Pferde der Cowboys, der US-Kavallerie und natürlich der amerikanischen Ureinwohner. Ihr lebhaftes Temperament verkörpert für viele den ausdauernden, zähen Geist des amerikanischen Westens.

Um den Mustang ranken sich viele Legenden, wie die Geschichte von dem weißen Hengst, der über sechzig Jahre alt geworden sein soll. Dieses sagenhafte Pferd will man schon in Texas als auch Montana gesichtet haben – was die Grenzen der Glaubwürdigkeit arg strapaziert. Angeblich war dieser Hengst schneller als jedes andere Pferd, zu intelligent, um sich je einfangen zu lassen, und zu Strategien von militärischer Präzision fähig, wenn es darum ging, seine Herde zu schützen. Selbst die *New York Times* berichtete 1882 von ihm. Manche hielten ihn für ein Geisterpferd. Enorme Summen wurden auf seine Gefangennahme ausgesetzt, doch niemand holte sich je dieses Preisgeld – was für Pferd und Legende sicherlich das Beste war.

“Der **Mustang** ist eines unserer großen **Symbole** für den **Überlebensgeist der Wildnis**.”

Rechts: *Schimmel sind bei Mustangs selten und fallen in einer Herde besonders auf. Daher stammt wohl die Legende vom weißen Pferd als Verkörperung von Unabhängigkeit und Individualität.*

Obwohl solche Geschichten natürlich großteils der Lust am Fabulieren entspringen, ist doch auch ein Körnchen Wahrheit am Mythos des Geisterschimmels. Er soll seine Stuten in eine Kreisformation zur Verteidigung gegen Wölfe getrieben haben, und genau dieses Verhalten ist bei Przewalski-Pferden beobachtet worden. Außerdem soll er sich mit den Leithengsten anderer Herden zusammengeschlossen und sie in Zeiten außerordentlicher Gefahr alle gemeinsam angeführt haben. Auch das haben Naturforscher bei wild lebenden Herden schon dokumentiert.

Im späten 19. Jahrhundert, als diese Legende die Fantasie der Menschen beflügelte, strichen noch über eine Million verwilderte Pferde über die nordamerikanischen Ebenen. Da ist es kaum verwunderlich, wenn einzelne Schimmel unter all den Füchsen und Braunen den Reisenden ins Auge sprangen. In ihren Erzählungen entstand daraus dann das eine besondere Tier mit mystischen Fähigkeiten und ungezähmtem Geist.

Die Realität der Mustangs war allerdings geprägt von langen harten Zeiten voller Entbehrung und Verfolgung. Ende des 19. Jahrhunderts gab es schätzungsweise bis zu zwei Millionen verwilderter Pferde in den Vereinigten Staaten. Mitte des 20. Jahrhunderts waren davon weniger als 20 000 übrig. Immer schon waren sie wegen ihres Fleisches gejagt oder in zahme Herden hineingezwungen

Gegenüber: *Mustangs sind mit dürrem Terrain, Wüste und Buschland bestens vertraut. Sie legen extrem weite Strecken zurück, um Nahrung zu finden.*

worden. Die Schnelligkeit, Wendigkeit und besondere Ortskenntnis der Mustangs jedoch hatte immer dafür gesorgt, dass genug Pferde frei blieben, um ihr Überleben zu sichern. Doch als das Zeitalter der Motorfahrzeuge und Hubschrauber anbrach, wurde die Flucht zunehmend schwerer. Die Mustangs wurden in großer Zahl abgeschlachtet, um dem Nutzvieh mehr Weideland zu verschaffen. Proteste gegen dieses grausame Vorgehen führten schließlich dazu, dass von den Fünfziger- bis Siebzigerjahren Gesetze zum Schutz der Mustangs erlassen wurden. Es gibt jedoch legale Schlupflöcher, die verwilderte Pferde bis heute in Gefahr bringen.

Die einen betrachten Mustangs als indigenen Teil der Landschaft und als wichtiges Erbe des amerikanischen Westens. Die anderen betonen, dass sie eine vom Menschen eingeführte Rasse sind, die mit kommerziellen Nutztieren sowie mit „echten" wilden Tieren um Futter konkurriert. Mustang-Freunde halten dagegen, dass diese Pferde weit von Menschen entfernte, karge Areale bevorzugen, während Nutzvieh grünes Weideland und nahe gelegene Wasserquellen benötigt. Diese hitzige Debatte zieht sich bis heute hin – meist geht es dabei aber leider eher um wirtschaftliche Aspekte als um das Wohlergehen der Tiere.

Mittlerweile wurden Programme zur Adoption von Mustangs ins Leben gerufen – als Patenschaften, um die Tiere in ihrer natürlichen Umgebung zu schützen, oder um sie zu Reitpferden umzuerziehen. Mustangs sind sehr lernwillig und eignen sich bestens als Arbeits-, Freizeit- oder Sportpferde. Am besten geht es ihnen aber, wenn sie artgerecht in ihrer wilden Herde über die weiten Wüstenebenen galoppieren und rotbraune Staubwolken hinter sich lassen.

Wildes Erbe

Wie Mustangs stammen auch die australischen Brumbys von entlaufenen oder zurückgelassenen importierten Pferden ab. Die ersten Pferde, die nach Australien kamen, waren englische und spanische Rassen des späten 18. Jahrhunderts, denen die Araber folgten. Auch der Brumby wurde zum Symbol von Widerstandskraft und Pioniergeist – und traurigerweise wurde auch er verfolgt und sogar als „Schädling" eingestuft.

Woher der Name Brumby kommt, weiß niemand mehr mit Bestimmtheit. Einige glauben, dass es sich um den Nachnamen eines Mannes handelt, der absichtlich Pferde in die Freiheit entließ. Andere halten es für eine Form des Aborigine-Wortes für „wild". Sicher ist jedoch, dass für die

“**Brumbys** begegnet man in **vielerlei Farben** und **Größen**, vom **Pony** bis zum hin zum **stattlichen Pferd**.”

Gegenüber: *Mit festem Tritt und ausdauerndem Gemüt zeigen diese Ponys im Wüstenstaub den widerstandsfähigen Überlebenswillen, der alle verwilderten Pferde auszeichnet.*

frühen australischen Siedler ein Pferd unabdingbar war, das es mit strengsten Wetterbedingungen und knapper Nahrung aufnehmen konnte, gleichzeitig aber in der Lage war, Schwerstarbeit zu leisten und weite Strecken zurückzulegen.

Jedes Tier, das diese Bedingungen überlebte und seine Gene weitergeben konnte, musste zu den widerstandsfähigsten seiner Art gehören – besonders, wenn es in der Wildnis weiterlebte. Frisches Blut mischte sich unter die Brumbys, als man in Australien Kavalleriepferde fürs Militär zu züchten begann. Viele brachen aus oder kreuzten sich mit Tieren bestehender wilder Herden.

Später ließ man viele Pferde absichtlich frei, weil sie durch Maschinen und Fahrzeuge ersetzt wurden. Heute leben Brumby-Herden, bei den Einwohnern auch als „Mobs“ bekannt, in den entlegensten und unwirtlichsten Ecken von ganz Australien. Schätzungen über ihre Anzahl gehen weit auseinander, aber man findet sie von den Wüsten des Northern Territory bis in die Nationalparks von Queensland und New South Wales. In jeder Region unterscheiden sich die Pferde körperlich voneinander, je nachdem, welche Rassen dort Einfluss hatten.

Der nachhaltige Überlebenserfolg der Brumbys hat jedoch auch zu ihrer Verfolgung beigetragen. Da die Pferde keine eingeborene australische Art darstellen, ist es erlaubt, sie zu töten, wenn sie eine Bedrohung für die australische Flora darstellen. Regelrechte Treibjagden auf die Pferde gehören seit Langem zur traurigen Tagesordnung. Zum Glück finden die Brumbys wie die Mustangs auch viel Unterstützung. Mit ihrer Intelligenz und Lernbereitschaft sind sie leicht zu zähmen. Sie besitzen ein vergleichsweise ruhiges Temperament und sind vielseitig als Arbeits- oder Freizeitpferde einsetzbar.

Da sich so viele verschiedene Rassen unter die Brumbys gemischt haben, begegnet man ihnen in vielerlei Farben und Größen, vom Pony bis zum hin zum stattlichen Pferd. Palominos sind ebenso wie Schecken vertreten, auch gibt es sehr viele Füchse und Braune. Ihnen allen gemein ist die Fähigkeit zu lernen und – trotz ihres starken und unabhängigen Charakters – enge Bindungen zu ihren Bezugspersonen einzugehen.

Wasserpferde

Mustangs und Brumbys leben in überwiegend dürren Umgebungen. Doch es gibt auch verwilderte Pferde in Sumpf- und Feuchtgebieten. Dazu gehören das Donaudelta und das Rhonedelta in Südfrankreich, die Heimat der Camargue-Pferde.

Das rumänische Donaudelta ist eines der größten Feuchtgebiete Europas und genießt UNESCO-Status als Biosphärenreservat und Weltkulturerbe. Seit etwa 350 Jahren leben Pferde im Delta, die wie so viele verwilderte Herden von

Rechts: *Einige Pferderassen leben nah am Wasser. In Flussdeltas und Feuchtgebieten oder am Meeresufer suchen sie nach Nahrung wie Algen, Schilf und Stechginster.*

freigelassenen oder davongelaufenen Hauspferden abstammen. Im Donaudelta ist Europas größtes Vorkommen an Schilfrohr beheimatet, ebenso zwei einzigartige Urwälder mit Eichen- und Lianenbestand. Es gibt dort unzählige Wasservögel wie Kormorane, Pelikane, Löffelreiher und Rothalsgänse, ebenso zahlreiche Heilpflanzen und Fischarten wie den bedrohten Stör. Die kleinen, kräftigen Pferde, die dort leben, sind meist Braune oder Rappen mit gedrungenem Körperbau und einem Stockmaß zwischen 143 und 153 cm. Dass sie sich durchsetzen konnten, bedeutete eine Störung des empfindlichen ökologischen Gleichgewichts im Delta, wo seltene Pflanzen sorgsam geschützt werden. Wie oft führte die Kontrolle dieser verwilderten Pferde dazu, dass sie schließlich selbst zu einer bedrohten Art wurden.

Heute gibt es strikte Zuchtprogramme, Fütterungen bei harscher Wetterlage und tierärztliche Hilfe. Und durch eine gründliche Überwachung gedeihen sowohl der Wald als auch die Pferde.

Auch die Camargue ist ein Flussdelta – hier fließt die Rhone ins Mittelmeer. In dieser Region aus flachem Marschland und Stränden mit feinem Sand sorgen im Sommer scharfe Mistralwinde für sehr heißes und im Winter für sehr kaltes Wetter. Die klirrend klare Luft kann urplötzlich von dichtem Nebel getrübt sein. Camargue-Pferde sind etwas Besonderes, denn sie gehören schon seit Tausenden Jahren in diese Landschaft. Noch heute ist ihrem kompakten Körperbau und ihrer Intelligenz der Einfluss von Berberpferden aus dem 7. und 8. Jahrhundert anzumerken. Die Fohlen werden mit schwarzem oder braunem Fell geboren, das sich mit zunehmendem Alter grauweiß färbt. Ihre breiten Hufe sind dem Strand und dem Meeresufer angepasst, wo sie gern Schilf und Meerfenchel naschen. Die Pferde bleiben traditionell unbeschlagen und erreichen ein Stockmaß von etwa 143 cm. Dennoch können sie mit Leichtigkeit einen erwachsenen Mann tragen.

Obwohl sie seit Menschengedenken in wilden Herden existieren, werden Camargue-Pferde als halbwild eingestuft, denn sie haben auch eine lange Tradition als Hauspferde, vor allem als Pferde der *Gardians*, die für die nicht minder bekannten schwarzen Rinder des Sumpfgebiets verantwortlich sind. Camargue-Pferde haben schon immer gut mit den Menschen zusammengearbeitet und sind mittlerweile eine regelrechte Touristenattraktion. Da sie auf diese Weise zum wirtschaftlichen Erfolg der Region beitragen, stehen ihre Aussichten auf Langlebigkeit sehr gut.

Außer den verwilderten Exemplaren werden viele Zuchtpferde von ihren Besitzern in halbwilden Herden gehalten – eine Frage der Tradition ebenso wie der Verfügbarkeit von Weideland.

„Durch **Nebel** und **Schilf** streifen Herden weißer **Camargue-Pferde** – ebenso durchs **seichte Wasser**."

Gegenüber: *Das raue Fell dieses Welsh-Ponys zeigt, wie gut es für ein Leben in den Bergen und Mooren seiner Heimat gerüstet ist. Die dichte, lange Mähne hält den Hals warm und Regenwasser fern.*

Moor und Bergland

In Großbritannien waren die Moor- und Berglandschaften von Wales, Schottland und Südengland einst von Pferden bevölkert, die teils noch heute in halbwilden Herden dort leben.

Die Exmoor-Ponys aus dem Südwesten Englands sind seit vielen Jahrhunderten im Moor heimisch und werden häufig als Europas älteste Rasse bezeichnet. Schon im Domesday Book, dem britischen Reichsgrundbuch, wurden sie erwähnt, doch erst 1818 begann man mit Zählungen und überwachten Zuchtprogrammen. Viele Herden gehören heute noch den Familien, die sich anfangs für die Zucht dieser Rasse eingesetzt haben.

Die natürliche Umgebung des Exmoor-Ponys weckt typische Assoziationen vom „freien Leben“: Das Moor ist ein sturmgepeitschtes, nach allen Seiten offenes Gelände, auf dem im Hochsommer Heidepflanzen in violetter Pracht erblühen. Der Torfboden ist durchzogen von Pfaden, die je nach Regen- und Windrichtung wechseln. Die Tiere des Moores müssen anspruchslos sein, um von dem nährstoffarmen Nahrungsangebot leben zu können und sich auch bei schlechtestem Wetter eine schützende Bleibe erobern zu können. Exmoor-Ponys teilen ihren Lebensraum mit Rotwild, seltenen Faltern und Vögeln wie der Provencegrasmücke und dem Moorschneehuhn. Die Farben der Ponys ähneln denen einer winterlichen Moorlandschaft: Es sind Braune mit rotbrauner bis hin zu falber Fellschattierung. Alle Exmoor-Ponys weisen das charakteristische helle Mehlmaul auf und haben auch hellere Augenringe und Bäuche. Ihre dichten schwarzen Mähnen und Schweife schützen sie vor der rauen Witterung.

Das kräftige Exmoor-Pony ist manchmal nur 122 cm groß, besitzt aber einen fein proportionierten Kopf und schlanke, starke Beine. Diese Rasse hat sich in der Natur frei entwickelt, geformt allein von ihrer natürlichen Umgebung. Da Exmoor-Ponys von Artgenossen isoliert leben, wurden die Herden kaum von anderen Rassen beeinflusst. Exmoor-Ponys besitzen eine physische Auffälligkeit: Ihre Kiefer zeigen Spuren eines siebten Backenzahns, den keine andere moderne Rasse hat.

Fast das ganze Jahr hindurch bewegen sich die Ponyherden frei durchs Moor. Die Besitzer treiben ihre Tiere nur im Herbst zwecks tierärztlicher Untersuchungen oder Kennzeichnung durch Brandzeichen oder Mikrochips zusammen – oder wenn sie einzelne Tiere verkaufen oder trainieren wollen. Das Moor hat den Charakter dieser Ponys geprägt. Aber die Ponys haben ihrerseits das Moor mitgeformt, haben Bodenpflanzen, Büsche und Hecken kurz gehalten und so empfindlicheren Pflanzen ein Leben im Moor ermöglicht. Die mittlerweile als bedroht eingestufte Rasse ist heute charakteristischer Bestandteil dieser Landschaft.

Gegenüber: *Der glänzende Schimmer des Sommerfells dieser kräftigen und gesunden Exmoor-Ponys wird von dem leuchtend violetten Heidekraut ihrer natürlichen Umgebung wunderschön ergänzt.*

Exmoor-Ponys eignen sich mit ihrer angeborenen Klugheit, Trittsicherheit und Widerstandskraft hervorragend als Reitponys für Kinder. Die Nachfrage nach Exmoor-Ponys ist entsprechend groß. Aber um die Eigenschaften der Ponys zu erhalten, muss der verwilderte Grundbestand stets gut gepflegt und überwacht werden: Die kleinen Pferdchen mit Mähnen wie Grasbüschel müssen sich weiterhin frei zwischen Stechginsterbüschen und Moorpfaden bewegen können.

Nicht weit entfernt leben die Ponys des Dartmoors mit ähnlichen Charakteristika: Sie sind klein, zäh und trittsicher. Doch haben sie keine so lange Geschichte vorzuweisen; bis zum 19. Jahrhundert wurde ihre genetische Linie regelmäßig durch neue Einflüsse von außen verändert. Dartmoor-Ponys sind etwas größer als ihre Artgenossen aus dem Exmoor und haben nicht deren Mehlmäuler. Ihre typischen Fellfarben sind Schwarz, Braun und Rotbraun. Die Ponys haben wohlgeformte Köpfe, schlanke Beine und einen so eleganten Köperbau und Gang, dass sie als Schauponys sehr beliebt sind.

Auf dem freien Moorland gedeihen sie den Sommer über prächtig, bevor man sie dann im Herbst zusammentreibt. Dabei sammeln die Besitzer ihre Ponys in einem Pferch und kennzeichnen sie, um sie für spätere Verkäufe und Auktionen vorzubereiten.

Dartmoor-Ponys haben im Lauf der Zeit unter vielen Veränderungen gelitten und werden heute als bedrohte Rasse eingestuft. Die Stiftung Dartmoor Pony Heritage Trust unterstützt den Fortbestand der Rasse durch Beweidungsprojekte von Schutzgebieten – und zeigt damit auf, wie ökologisch sinnvoll die Ponys bei der Bewirtschaftung des Landes sind. Durch ihre selektiven Weidegewohnheiten helfen sie dabei, die Artenvielfalt zu erhalten, und sichern so vielen seltenen Moorpflanzen das Überleben. Sie verhindern die unkontrollierte Verbreitung von Farnkraut, was empfindlicheren Pflanzenarten zugutekommt. Entsprechend erweisen sich Dartmoor-Ponys auch andernorts als in den heimatlichen Moorgefilden als nützlich, was die Zukunft der Rasse begünstigt.

Der New Forest von Hampshire im Süden Englands ist einer der wenigen Wälder, in dem man noch frei laufende Pferde aus nächster Nähe beobachten kann. Die Waldponys dort, von denen viele auch in Freiheit geboren werden, gehören Bewohnern, die das Weiderecht für den Wald und seine Umgebung besitzen. Das Fell der meisten New-Forest-Ponys ist braun oder schwarzbraun, aber auch Falben und Rappen kommen vor. Ebenso wie die benachbarten Exmoor-Ponys sind sie klein, zäh und ausdauernd und leben schon länger in ihrer natürlichen Umgebung, als es urkundlich erwähnt wird.

Im New Forest kann man Ponys aller Altersgruppen beim freundlichen und entspannten Miteinander beobachten. Sie leben zwar nicht wirklich wild, doch kennen sie auch keine Zäune oder ständige menschliche Einmischung wie die meisten Hauspferde. Ungewöhnlich ist die ausgesprochen freundliche Art, die diese frei lebenden Tiere Menschen gegenüber an den Tag legen. Sie gehen sogar in Dörfern spazieren und betteln Touristen beim Picknick an. Dennoch sollte man sie mit Vorsicht behandeln und sie niemals füttern. Sie aus der Nähe zu beobachten, ist aber ein besonderes und seltenes Vergnügen.

Die Vorstellung von einem Pferdeleben in der Wildnis ist oft mit romantischen Bildern verbunden, doch die Realität sieht ganz anders aus. Wild lebende Pferde ohne Besitzer sind häufig bedroht, weil sie als Ärgernis betrachtet werden. Selbst das kleinste Shetland-Pony ist schließlich ein großes, schweres Tier – es benötigt Lebensraum und hat keinen wirtschaftlichen Nutzen.

Pferde, die Wildnis und den Wechsel der Jahreszeiten überleben, besitzen große Kraft und Zähigkeit. Alle in diesem Kapitel vorgestellten Rassen leben in einer Umgebung, die auf die eine oder andere Weise eine Herausforderung für sie darstellt, ob durch Hitze oder Kälte, Nässe oder Dürre. Ohne ihre ausgeprägte körperliche Zähigkeit und Tapferkeit würden diese Pferde keinen harten Winter überleben. Eine solche Lebensweise schärft ihre natürlichen Instinkte, die bei Stallpferden, insbesondere solchen in Einzelhaltung, langsam abstumpfen. Wild lebende Pferde kennen das Gesetz der Herde genau; sie sind genügsam,

vertrauen auf starke Führungscharaktere, bleiben sich jeder Gefahr bewusst und bei jedem Schritt trittsicher. Werden sie als Arbeitspferde eingesetzt, sind diese Eigenschaften Gold wert.

Die meisten verwilderten Pferde verdanken ihr Überleben heute zumindest zum Teil ihrem weit abgelegenen Lebensraum (siehe oben), sei es den nordamerikanischen Wüstenebenen, der mongolischen Steppe oder den unzugänglichen Moorgebieten Großbritanniens. Der Kontakt zu Menschen erweist sich für die Pferde oft als problematisch. Aber gleichzeitig bietet er ihnen auch eine neue Lebensgrundlage. Viele Menschen setzen sich mit leidenschaftlichem Engagement dafür ein, dass sich wild lebende Pferde weiterhin ihres ungebundenen Herdenlebens erfreuen können. Auch wenn ihre Zahl immer kleiner wird, ist das Wissen beruhigend, dass es noch immer wilde Pferde gibt, dass ihr Hufschlag unsere moderne Welt bereichert, in der die Wildnis fortschreitend ausgelöscht wird.

Für unsere Hauspferde bedeutet ihr wildes Erbe vor allem, dass sie sich in der Herde am wohlsten fühlen. Wenn man sie auf der Weide beobachtet – schlammbedeckt und entspannt –, sind sie diesem natürlichen Zustand der Geborgenheit vermutlich am nächsten. Der Umgang mit ihnen sollte stets vom Verständnis für die Regeln der Herde geleitet sein. Nur durch eine ruhige und selbstsichere Führung wird der Pferdesport für Reiter und Pferd zum positiven Erlebnis.

Das Wesen des Pferdes

Mythen und Legenden

"Wieder das Donnern der Hufe – diese Pferde sind aber nicht aus purer Freude unterwegs; etwas hat sie aufgeschreckt. Sie fliegen mit erhobenen Köpfen dahin, die Nüstern gebläht, auf der Hut vor etwas, das für uns unsichtbar bleibt. Hinter einem kleinen Hügel machen sie halt, schnauben mit aufgestellten Ohren, den wachen Blick in die Ferne gerichtet. Plötzlich ist es vorbei. Die Leitstute schüttelt den Kopf und beginnt sich zu wälzen. Andere grasen entspannt. Nur ein aufgeregtes Fohlen bockt noch um seine Mutter herum, bevor es sich ebenfalls beruhigt."

Die Natur des Pferdes in ihrer ursprünglichen Form berührt uns – selbst wenn wir nicht genau wissen warum. Etwas im Blick eines Pferdes, in der Haltung seines Kopfes, in seiner wachen Präsenz erweckt unsere Aufmerksamkeit. Pferde können schneller laufen, als wir es je zu hoffen wagen; ganze Landschaften fliegen nur so unter ihren Hufen vorbei. Sie lassen uns von Wildnis und Freiheit träumen, an Ritte in den Sonnenuntergang denken oder an gewagte Sprünge über jedes Hindernis. Wir brauchen nicht viel über Pferde zu wissen, um ihre inspirierende Kraft zu bewundern.

Auf dem Rücken eines Pferdes haben Menschen scheinbar unmögliche Strecken zurückgelegt. Das entschlossene, mutige Wesen dieses Tieres ist nicht zu unterschätzen. Das „Wesen" eines Pferdes – das ist weit mehr als seine vereinten körperlichen Fähigkeiten oder sein individueller Charakter, den es zweifellos auch besitzt. Dieses schwer bestimmbare gewisse Etwas, das Pferde von allen anderen Lebewesen unterscheidet, hat Schriftsteller und Künstler seit Anbeginn der Zeit inspiriert.

Ein großer Teil davon liegt natürlich in der hohen Sensibilität eines Pferdes. Es verfügt über empfindliche und fein gestimmte Sinne, auf die es sich als Flucht- und Beutetier verlassen muss, um in Freiheit überleben zu können. Pferde übernehmen in ihrer Herde eine Art Gruppenidentität, die sie sehr sensibel für die Stimmung ihrer tierischen oder menschlichen Gefährten macht. Ein Pferd nimmt wahr, ob sein Reiter selbstbewusst oder ängstlich ist, entspannt oder verkrampft. Wenn es

einen Menschen kennt, spürt es, wenn er verärgert, traurig oder beunruhigt ist – und diese Stimmungen beeinflussen das Vertrauensverhältnis zwischen Pferd und Reiter.

Ein kühnes Pferd übernimmt dann vielleicht selbst die Führung. Ein nervöses Tier aber wird nur noch nervöser – dann muss der Reiter die Zügel fest in die Hand nehmen, im wörtlichen wie im übertragenen Sinn. Es ist dieses feine Gespür, das ein Pferd so einzigartig macht, denn es wird zum seelischen Spiegel seines Reiters: Er kann seine eigenen Stärken und Schwächen in ihm erkennen.

Pferde lieben den Galopp (siehe oben). Ihre schiere Freude an der Geschwindigkeit ist am besten zu beobachten, wenn eine ganze Herde auf freiem Feld herumtollt. Auch wenn ein Pferd ängstlich oder trotzig ist, äußert sich das meist im

Bewegungsdrang. Kraft und Geschwindigkeit sind faszinierend, und das Gefühl, ein schnelles Pferd zu reiten, ähnelt der Vorstellung zu fliegen. Natürlich ist ein solcher Ritt auch gefährlich. Aber das Risiko, sich einem so stattlichen Tier mit enormem Tempo anvertrauen, macht einen großen Teil der Euphorie aus.

Wenn wir dabei eine Verbindung zum inneren Wesen des Pferdes herstellen, wird die Erfahrung noch intensiver. Auf der ganzen Welt streben Reiter von jeher an, eins mit ihren Pferden zu werden. Wer das erreicht, hat bei Pferderennen, Springturnieren und Distanzritten mehr Erfolg. Denn ein Pferd, das sich ebenfalls hundertprozentig auf seinen Reiter einlässt, gibt alles, um schneller zu laufen, höher zu springen und länger durchzuhalten – eine wahrhaft inspirierende Partnerschaft!

Gegenüber: *Die natürliche Energie des Pferdes, das mit allen vier Beinen gleichzeitig in die Luft springen kann, wird in der Dressurkunst in kontrollierte Bewegungen gelenkt und verfeinert.*

Wird ein Pferd als „temperamentvoll" bezeichnet, ist das hingegen nicht immer schmeichelhaft. Pferdekäufer wissen, dass eine solche Beschreibung in einem Inserat eine Herausforderung darstellen kann – das Pferd hat meist einen starken eigenen Willen und wäre für einen unsicheren Reiter nicht geeignet. Früher hielt man die Fähigkeit, ein Pferd zu lenken, für einen Beweis von Selbstdisziplin. Ein temperamentvolles Pferd zu meistern, galt als besonderer Charaktertest – je schwieriger das Pferd, desto größer die Herausforderung. Doch ist diese Einstellung mit der Vorstellung von Dominanz und Beherrschung verbunden, was mit den modernen Erkenntnissen der Reitkunst nicht vereinbar ist. Heute geht es vor allem darum, ein kooperatives Vertrauensverhältnis zum Pferd aufzubauen. Reiter sollten selbstsicher und entspannt statt autoritär auftreten. Die frühere Vorstellung einer sich mit rollenden Augen und schäumendem Maul gegen ihren Reiter wehrenden Kreatur, die sich letztlich doch der überlegenen menschlichen Willenskraft beugen muss, ist glücklicherweise überholt.

Anstatt ein Pferd mit Temperament unterwerfen zu wollen, versucht ein guter Reiter, den besonderen Charakter dieses Tieres als Potenzial zu sehen und in Leistungskraft umzuwandeln. Temperamentvolle Pferde sind die idealen Partner für kühne Reiter, die es weit bringen wollen mit einem echten Gefährten, der je nach Anforderung folgen oder auch die Führung übernehmen kann. Einem Pferd mit viel Temperament kann ein Reiter beruhigt die Verantwortung auf gefährlichem Terrain überlassen, da er weiß, dass dieses Pferd intelligent genug ist, einen sicheren Weg für beide zu finden. Von diesem Pferd kann ein Reiter auch im Notfall mehr Einsatz verlangen und sicher sein, dass es sein Bestes gibt.

Das soll nicht bedeuten, dass es sanftmütigen, leicht rittigen Pferden an Mut mangeln würde – sie sind einfach von ruhigerer Art. Ihnen können getrost Kinder anvertraut werden, und sie sind es, die Reitanfängern Selbstvertrauen vermitteln. Diese Pferde sind die beste Wahl für einen entspannten Ausritt auf dem Land oder als Therapiepferde in motorischen und psychologischen Trainingsprogrammen. Ihre geduldige Natur spiegelt sich in ihren sanften Augen und ihrer unerschütterlichen Ruhe. Sie sind durchaus einem schnellen Galopp gewachsen, aber wohl eher ihrem Reiter zu Gefallen – und verfallen rasch wieder in eine gemächlichere Gangart.

Eine der attraktivsten Eigenschaften der Pferde ist ihre Fähigkeit, Menschen zu verstehen und zu beschützen. Noch der feurigste Hengst legt einem kleinen Kind gegenüber Vorsicht an den Tag, und es gibt zahllose Berichte von Pferden, die sich für ihre Menschen eingesetzt oder sie vor nahender Gefahr gewarnt haben.

Gegenüber: *Diese Anmut und Kraft kann man schwer in Worte fassen – kein Wunder, dass Pferde oft mit der Welt des Übersinnlichen in Verbindung gebracht werden.*

Mythos Pferd

Seine hohe Sensibilität lässt das Pferd als ein spirituelles Wesen erscheinen, das über eine Wahrnehmung verfügt, die sich dem Menschen nicht erschließt. Zudem verfügt es über Schönheit und Anmut – da verwundert es kaum, dass Pferde schon immer eine große Rolle in unseren Mythen und Legenden gespielt haben und oft mit Religion oder dem Göttlichen in Verbindung gebracht wurden. Ihre Natur ist uns einfach nicht komplett verständlich. Pferde treten in Geschichten mit spirituellem Hintergrund oft als übersinnlich begabte Wesen auf oder als Grenzgänger zwischen der sichtbaren und der unsichtbaren Welt.

Der tibetische Buddhismus kennt ein mythisches Geschöpf namens Lungta, das Windpferd, das mit der Geschwindigkeit des Windes und der Stärke eines Pferdes die Gebete zum Himmel trägt. Es steht für positive Energie, Glück und die Reise zur wahren Erleuchtung. Lungta verkörpert das Element Raum und bringt die anderen Elemente – Luft, Erde, Feuer, Wasser – miteinander in Kontakt. Es repräsentiert die reine Lebenskraft des Körpers, von dem der Verstand getragen und die Gedanken gelenkt werden. Tibetische Gebetsfahnen, die ebenfalls als Windpferde bezeichnet werden, tragen außer Raubtieren und Drachen oft das Abbild des Pferdes in der Mitte, von wo aus der Wind die Gebete ihren Empfängern zutragen soll.

In vielen Kulturen symbolisiert das Pferd Kraft, Ausdauer, unverbrüchliche Treue, starken Willen und Freiheit. Schamanische Traditionen kennen Pferde als Totemtiere oder andere spirituelle Führer, die den Menschen Zugang zur Welt der Geister verschaffen. Andere sehen sie als übernatürliche Helden, als Begleiter und Boten der Götter. Das Rätsel der widersprüchlichen Natur des Pferdes, das einerseits völlig ohne die Hilfe der Menschen auskommt, sich aber dennoch von ihnen zähmen lässt, wird in Märchen und Legenden thematisiert, in denen das Pferd als Helfer und Mentor auftritt.

In der griechischen Mythologie fordert die Göttin Demeter den Meeresgott Poseidon heraus, das schönste Wesen der Welt zu erschaffen. Er formt aus den Wellenkämmen das Pferd. Wie andere Götter nimmt auch Poseidon selbst oft die Gestalt eines Pferdes an – kaum verwunderlich, denn Pferde symbolisierten bei den alten Griechen Potenz, Erhabenheit, Treue und Weisheit. Unsterbliche Pferde kommen in der griechischen Sagenwelt häufig als Geschenke oder Nachkommen der Götter vor.

Links: *Genau wie Wetter, Wind und Regen sind diese schnellen Tiere, die das Erbe der Wildnis in sich tragen, niemals ganz berechenbar – auch wenn wir glauben, sie zu verstehen.*

Die Göttin der Weisheit Athene soll die Trense erfunden haben, um sich mehr Kontrolle über die zivilisierte Welt zu verschaffen. Scharen von Pferden donnern in der griechischen, römischen, germanischen, iranischen und hinduistischen Mythologie durch die himmlischen Gefilde und ziehen die Wagen der Sonne oder des Mondes. Sie sind berühmt für ihr glänzendes Fell, den Klang ihrer Hufe und die beeindruckende Geschwindigkeit, mit der sie vom Tag in die Nacht gelangen. Die Schweißtropfen aus der Mähne des Pferdes, das den Wagen der Nacht in der skandinavischen Sagenwelt zieht, ergeben den Morgentau. In der vedischen Kultur reist die Braut des Sonnengottes in einer Hochzeitskutsche, die zwei treue Pferde ziehen, um sie ihrem Bräutigam zuzuführen.

Die germanische Götterwelt kennt die Sonnengöttin, die in ihrem Wagen – der Sonne selbst – von zwei Pferden quer über den Himmel gezogen wird, deren Schultern bei der Arbeit von einem Balg vor der Hitze geschützt werden.

Die Schnelligkeit des Pferdes wurde schon immer mit den Elementen assoziiert. Im Islam soll Allah das Pferd geschaffen haben, indem er dem Südwind befahl, sich zu verdichten, und dem entstehenden Nebel Leben einhauchte.

“Scharen von Pferden donnern durch die himmlischen Gefilde und ziehen die Wagen der Sonne oder des Mondes.”

Rechts: *Der Legende nach wurde das arabische Vollblutpferd durch den Atem Allahs aus der verdichteten Essenz des Südwindes erschaffen – gesegnet mit der Fähigkeit, ohne Flügel zu fliegen.*

Allah schmückte dann die Stirn des Pferdes mit einem Stern, um es mit Kraft, Glück, Fruchtbarkeit und der Fähigkeit zu segnen, ohne Flügel fliegen zu können.

Ganz ähnlich klingt die Überlieferung vom Engel Jibril – oder Gabriel –, der das Pferd aus einer Donnerwolke geschaffen haben soll. Manche Versionen verbinden beide Geschichten miteinander, wobei der Engel Allah eine Handvoll Wind bringt, damit dieser daraus das Pferd gestaltet.

Arabische Leidenschaft

Unter allen Pferden sind besonders die Araber Stoff der Mythen und Legenden. Der Prophet Mohammed soll die Stuten, die seine Herde begründeten, einem Treuetest unterzogen haben. Nach einem langen Marsch durch die Wüste waren seine Pferde müde und durstig. Als eine Oase in Sicht kam, liefen sie freudig darauf zu, angetrieben von der Aussicht auf Wasser. Kurz bevor die Tiere aber erleichtert dort ankamen, rief der Prophet sie zu sich. Fünf der Stuten ignorierten ihren brennenden Durst und kehrten zu ihm zurück – und diese fünf wählte er aus. Als Anerkennung drückte er ihnen seinen Daumen auf den Hals, wo sich seitdem ein Wirbel im Fell als Zeichen ihrer Loyalität zeigt.

Links: *Die Erkennungszeichen des Arabers – konkave Kopfform, fein gemeißelte Ohren, weite Nüstern und ausdrucksvolle Augen – unterstreichen die wilde Romantik seiner Schönheit.*

Araberpferde haben eine ungewöhnlich mystische Ausstrahlung. Sie verkörpern den Zauber des Pferdes auf besonders anziehende Weise, und ihre enorme Schnelligkeit und Ausdauer bei gleichzeitiger Eleganz sind berühmt. Der charakteristisch konkav geformte Kopf ist ein sicheres Erkennungszeichen.

Die Geschichte des Arabers reicht mindestens 2000 Jahre in die Vergangenheit, wie Zeichnungen von Pferden aus dieser Zeit beweisen. Die Beduinen der arabischen Halbinsel hegten ihren Pferden gegenüber schon immer eine große Zuneigung. Sie behandelten sie eher als Familienmitglieder denn als Nutztiere und gewährten ihnen in denselben Zelten wie ihren Kindern Schutz vor Sandstürmen. So förderten sie die sanftmütige Natur der Rasse, die mit hoher Intelligenz und großem Zutrauen zum Menschen gepaart ist. Da Allah in ihrem Glauben das erste Pferd selbst geschaffen und gesegnet hat, war eine gute Pflege ihrer Pferde Pflicht. Die Wölbung ihrer Stirn, Jibbah genannt, sollte den göttlichen Segen enthalten. Der gebogene Hals der Araber – verantwortlich dafür ist der Winkel, die Mitbah – galt als Zeichen von Mut, und der hoch erhobene Schweif als Ausdruck ihres Stolzes. Besonders Stuten genossen ein hohes Ansehen. Man ritt sie auch bevorzugt in der

“**Araberpferde** haben eine ungewöhnlich **mystische Ausstrahlung**. Sie verkörpern den **Zauber** des Pferdes auf besonders **anziehende Weise**.”

Rechts: *Für ihr feuriges Temperament und die hohe Sensibilität sind Araber ebenso bekannt wie für Sanftmut und Intelligenz.*

Schlacht, da sie sich weniger ablenken ließen als Hengste und gleichzeitig großen Mut und Kampfgeist bewiesen.

Durch selektive Zucht entstanden fünf arabische Vollblutlinien, die man als asil bezeichnet. Jede der fünf hat andere Merkmale. Die Tiere aus dem „Kehilan"-Stamm waren mit einem Stockmaß von 153 cm recht groß für Vollblutaraber und verfügten über beeindruckende Körperkraft, die „Seglawi" dagegen waren viel kleiner, aber besonders anmutig. Auch die „Hadban" waren klein, aber von kräftigem Körperbau und sehr sanftem Wesen. Mit einem Stockmaß von bis zu 155 cm stellten die „Hamdani" die größte der fünf Rassen dar. Die „Abeyan" schließlich hatten einen längeren Rücken und einen höheren Anteil grauer Fellfärbung. Die fünf Vollblutlinien gehen der Sage nach auf die fünf treuen Stuten des Propheten Mohammed zurück. Zuchtbücher gab es nicht unter den nomadischen Wüstenvölkern; alles Wissen über den Stammbaum war viele Hundert Jahre lang Teil der mündlichen Überlieferung.

Araber sind berühmt für ihre feine Raffinesse und hohe Sensibilität. In vielen Reitsportarten sind sie die gefragteste Rasse, vor allem im Distanzreiten. Ihre Genügsamkeit, Zähigkeit und bereitwillige Zusammenarbeit mit Menschen prädestinieren sie als ideale Pferde für die langen, harten Ritte dieser Disziplin.

Gegenüber: *In vielen Volksmythen ist der Geisterschimmel ein Symbol für Weisheit und Ausdauer. Er belehrt Menschen, denen es an Güte und Großmut mangelt, eines Besseren.*

Weiße Geister

Obwohl das Fell der Araber fast alle Farben haben kann, sind es doch die Schimmel und Grauschimmel, die besonders mystisch wirken. Vielleicht tauchen sie deshalb so häufig in der Welt der Sagen und Mythen auf. Denn dort spielen weiße Pferde rund um die Welt eine große Rolle.

Man verbindet die Vorstellung von Reinheit und Unschuld mit ihnen; sie tragen Heldinnen und Helden in ihren Kampf gegen das Unrecht oder repräsentieren Inspiration und Kreativität. In einigen Kulturen galten weiße Pferde sogar als heilig, andere wiederum opferten sie. Die Schneegottheit der indianischen Blackfoot-Mythologie reitet einen Schimmel, und ein Pferd des Navajo-Sonnengottes besteht aus weißen Muschelteilen und glitzernden Sandkörnern, die es den Göttern darbietet, wenn es sich wälzt und schüttelt.

In den Sagen der Yinnuwok aus Nordkanada erteilt ein betagter Schimmel einem gierigen, kaltherzigen Mann eine Lektion. Dieser Mann wachte zwar eifrig über solche Pferde seiner Herde, die jung und stark waren, die alten und schwachen aber behandelte er grausam. Eines Tages schloss sich ein fremder, alter weißer Hengst der Herde an. In seiner Wut über sein klappriges Äußeres schlug der Mann ihn halb tot. Als er Stunden später zurückkam, um ihm die Haut abzuziehen, war das Tier zu seiner Überraschung verschwunden.

In dieser Nacht erschien ihm der alte Schimmel im Traum. Schritt für Schritt wurde sein Körper immer jünger und stärker, bis er zu einem wunderschönen Pferd geworden war, einem Geisterschmimmel mit schneeweißem Fell und glänzender Mähne. „Hättest du mich mit Güte behandelt", sagte das Pferd zu dem Mann, „hätte ich dir viele neue Pferde gebracht. Da du aber so grausam warst, werde ich dir nun deine Pferde nehmen."

Als der Mann erwachte, waren tatsächlich all seine Pferde verschwunden. Er suchte überall nach ihnen – ohne Erfolg. Als er erschöpft einschlief, erschien ihm wieder der Geisterschimmel und erklärte: „Wenn du deine Pferde wiederfinden willst, musst du zwei Tage lang gehen. Sie sind in den östlichen Hügeln." Der Mann versuchte es, doch gelang es ihm nie, seine Pferde einzuholen. Jede Nacht erschien der Geisterhengst wieder und verkündete ihm, die Pferde seien ganz in der Nähe. Doch nie konnte der Mann sie finden.

Sein ganzes weiteres Leben verbrachte der Mann auf der Suche – zu geizig, um davon abzulassen, zu stolz, um seine Fehler einzugestehen. Es heißt, in ruhigen Nächten könne man noch immer das Trommeln der Hufe und das Schlurfen müder Füße hören – Echo der gerechten Strafe durch den Geisterschimmel.

Gegenüber: *Schwarzes Fell ist in der Nacht unsichtbar – deshalb werden Rappen wohl mit der Finsternis assoziiert. Hufgetrappel aus der Dunkelheit lässt nicht nur abergläubische Menschen erschauern!*

Finstere Stürme

In vielen Kulturen ist das Reittier des Todes ein Rappe. Schwarze Pferde werden oft mit schurkischen Gesellen und üblen Machenschaften in Verbindung gebracht. Andererseits können sie auch für Mut oder Weisheit stehen.

In einer Legende der Yaqui-Indianer aus Arizona springt ein Rappe so hoch in den Himmel, dass sein Reiter mit dem Speer eine Wolke aufspießt. Der grenzenlose Regenguss, der darauf folgt, stillt nicht nur beider Durst, sondern versorgt die verdorrte Gegend auch für alle Zeiten mit Wasser. Der Sonnengott der Navajo hat zwar Pferde aus Türkisen, Muscheln und Perlen – aber für den stürmischen Nachthimmel wählt er die kohlschwarzen Pferde aus.

Die Verbindung der Farbe Schwarz mit dem Unwetter ist in vielen Kulturen bekannt – und die Assoziation mit dem Rappen leicht nachvollziehbar, wenn man die Energie und Kraft eines Pferdes bedenkt. Rappen stehen auch im Mittelpunkt des germanischen Volksmythos von der Wilden Jagd, bei der ein Geisterzug durch die Lüfte zieht. Diese Legende existiert in vielen Versionen, aber überall geht es um eine chaotische Meute aus Pferden, Reitern und Hunden, die begleitet von Donner und Sturmgeheul durch die Nacht jagt.

Die Rappen der Wilden Jagd verkörpern furchterregende, übernatürliche Kräfte: Ihre Augen glühen wie feuerrote Kohlen, und ihr flammender Hufschlag versengt das ganze Land. Sie hinterlassen Chaos und Verwüstung, Stürme und Gewitter. Manchen der dunklen Rösser fehlt ein Bein oder der Kopf; Bärenwunden und zahllose Hiebe haben auf ihren Leibern Spuren hinterlassen. In einem überlieferten Pantomimenspiel aus Yorkshire will sich ein Jagdpferd freiwillig opfern und zu Tode reiten lassen, damit es sich der Wilden Jagd anschließen kann. In anderen Varianten der Legende führen historische oder mythologische Persönlichkeiten wie Karl der Große oder König Artus die Wilde Jagd an.

Finsternis, Tod, Zerstörung, Seuchen und Kriege scheinen weithin mit dem Bild des schwarzen Pferdes verbunden. Sleipnir, das Ross des germanischen Gottes Odin, hat acht Beine, die für die vier Beinpaare der Männer stehen, die eine Bahre zu Grabe tragen. In dieser Gestalt holen Odin und Sleipnir die Toten ab.

Die Pferde der Wilden Jagd galoppieren durch die Nächte, die dem Gedenken der Toten geweiht sind, und der Jahreswenden, besonders zwischen der Wintersonnenwende und Neujahr. In Norwegen gibt es den Brauch, nachts einen Maiskolben oder ein Maß Korn für die Pferde der Jäger hinauszustellen, um sie so zu besänftigen. Damit hoffen Abergläubische, von Unwettern und schlechten Ernten verschont zu bleiben.

Rechts: *Das spanische Vollblutpferd hat die Kultur der Renaissance geprägt. Wie edel ein Reiter war, bemaß sich daran, wie gut er die Anmut seines temperamentvollen Reittiers zur Geltung bringen konnte.*

Stolze Iberer

Die Pferde Spaniens verkörpern den Archetyp des majestätischen Rosses. Mit ihren gewellten Mähnen und wohlgeformten Leibern legen sie eine Haltung an den Tag, als seien sie sich ihrer Schönheit durchaus bewusst. Schon in der frühen Renaissance machten ihre repräsentative Ausstrahlung und ihr feuriges Temperament sie zur ersten Wahl der Könige Europas.

Ein iberisches Rassepferd war ein echtes Statussymbol. Spanische Pferde waren kostspielig und außerhalb ihrer Heimat nur schwer zu bekommen. Nur die reichsten Adligen konnten sich ein solches Ross leisten. Im 17. Jahrhundert brauchte ein englischer Lord etwa ein halbes Dutzend Stallburschen, Hufschmiede und Wachtposten, um ein einziges Pferd aus Spanien sicher nach Hause bringen zu lassen.

Adlige mussten nicht nur auf dem Schlachtfeld Ehrenhaftigkeit beweisen, sondern auch im sozialen Wettbewerb der höfischen Kultur. Die Reitkunst erlaubte es einem Mann, seine athletischen Vorzüge und Führungsqualitäten zu zeigen, und ein elegantes Pferd spanischer Herkunft rückte seinen Auftritt erst ins rechte Licht. Während der Anfänge der Hohen Schule des Dressurreitens war dieses Pferd Sieger in den prunkvollen Häusern der Reitkunst: intelligent, lernfähig und elegant.

Zu seinen physischen Vorzügen gehört die natürliche Fähigkeit zur Versammlung, da die Hinterhand besonders flexibel und belastbar ist. Diese Pferde sind in der Lage, die schwierige Kapriole auszuführen, einen Sprung, bei dem alle vier Hufe gleichzeitig in der Luft sind.

Einer der Meisterreiter seiner Zeit war William Cavendish, First Duke of Newcastle (1592–1676). Als leidenschaftlicher Reiter widmete er sich hingebungsvoll dem spanischen Pferd. Unter den Schriften, die er als Reitlehrer verfasste, befinden sich zahlreiche Erinnerungen an herausragende Pferde. Einmal sei eines seiner Pferde so hoch gesprungen und habe sich so schnell gedreht, dass ihm schwindelig dabei geworden sei. Seine Pferde reagierten auf das leiseste Signal. Er ritt ohne Hilfsmittel, und sogar spanische Besucher attestierten ihm begeistert eine wunderbare Vorführung.

Der Duke schätzte die spanischen Rassepferde als die edelsten ihrer Art. Er behauptete, es gäbe nur ein Problem: Sie seien oft schlauer als ihre Reiter. Als ein anderer Adliger ihm einmal ein Pferd abkaufen wollte, entließ Cavendish den Boten ohne das Pferd und mit der Nachricht, dass der Hengst das Doppelte vom angebotenen Preis wert sei. Am darauffolgenden Tag würde es noch einmal so viel wert sein und am Tag danach dreimal so viel. Es wurde nie verkauft.

Die Pferde waren nicht nur kostspielig in der Anschaffung, sondern auch im Training. Man brauchte für ihre Dressur besondere Fähigkeiten und Erfahrung. Doch nach Auskunft des Dukes konnte man diese Ausnahmepferde nach ihrer Ausbildung gleichermaßen sicher als Freizeit- oder Reisepferd einsetzen oder sogar als Schlachtross. Einem Besucher erzählte er, dass seinen Pferden nichts außer der Sprache fehle, um sie ebenso „verständig" wie Menschen zu machen. Zu einer Zeit, als man Tieren noch jede Vernunft oder Intelligenz absprach, war das ein hohes und gewagtes Lob. Cavendish war einer der Ersten, der Pferden ein gutes Gedächtnis, Lernfähigkeit und einen wachen Verstand attestierte. Er war dafür, Pferde wie Kinder zu unterrichten, regelmäßig, mit ruhiger und fester Hand, aber niemals gewalttätig.

Gegenüber: *Wie bei allen Wüstenpferden spiegeln sich auch im Wesen der spanischen Rassen die Sonne und die brennende Hitze ihres Heimatlandes.*

„Mit ihren **gewellten Mähnen** und **wohlgeformten Leibern** legen spanische Pferde eine **Haltung** an den Tag, als seien sie sich ihrer **Schönheit** durchaus **bewusst**."

Rechts: *Das sanfte Wesen dieses Lusitano-Hengstes, hier erkennbar an seiner gelassenen Haltung, ist den iberischen Rassen gemeinsam.*

Spanische Pferde standen immer im Mittelpunkt der klassischen Reitkunst. Die Spanische Hofreitschule in Wien wurde nach diesen Pferden, mit denen die Schule im 16. Jahrhundert begründet wurde, benannt. Die berühmten Lipizzaner, die dort ausgebildet und gezeigt werden, entwickelten sich ab dem 18. Jahrhundert aus neun handverlesenen spanischen Hengsten und vierundzwanzig Stuten. Der etwas größere portugiesische Lusitano ist ebenfalls eng mit ihnen verwandt. Eine weitere portugiesische Rasse, der Altér Real, vereint all die Merkmale des barocken Pferdetyps, der diese Pferde von jeher so perfekt geeignet für die Kunst des Dressurreitens macht.

Heute bezeichnet der Begriff Andalusien eine kleine Region in Südspanien. Vor vielen Jahrhunderten, als die Mauren dort Einzug gehalten hatten, bezog sich der Name aber auf fast die gesamte iberische Halbinsel. Obwohl spanische Pferde außerhalb ihrer Heimat meist als Andalusier bekannt sind, beschloss die spanische Zuchtvereinigung schon 1912 die Bezeichnung „Pura Raza Española“ (PRE), die Reine Spanische Rasse.

Temperamentvoll oder mystisch– das Wesen des Pferdes ist schwer zu erfassen und viel zu komplex, um es in einen Begriff zu zwängen. Pferde spielen eine bedeutende Rolle in Legenden, Sagen und Mythen aus aller Welt, so viel steht fest, denn sie beeindrucken den Menschen zutiefst. Das wissen die Geschichtenerzähler, Schamanen und Forscher aller Kulturen. Die Ideen, Erzählungen und Vorstellungen, die sich um dieses faszinierende Geschöpf ranken, enthüllen vor allem eines: In seinem tiefsten Inneren braucht der Mensch das Pferd.

Links: *Unsere Unfähigkeit, das Wesen eines Pferdes genau zu erfassen, ist einer der Gründe, warum uns diese erhabenen Geschöpfe so faszinieren.*

Der Körperbau des Pferdes

Kraft und Schönheit

"Die Pferde ruhen unter den Bäumen, mit sausenden Schweifen, die Augen halb geschlossen, als wir zwischen ihnen umhergehen. Wir sprechen sie leise an, bevor wir über ihre geschwungenen Hälse streichen und die entspannten Muskeln spüren. Eine Stute ist wachsam und behält ihre Umgebung ruhig im Blick. Sie spürt, dass wir neben ihr stehen, und dreht den Kopf, um besser sehen zu können. Wir streicheln ihr Fohlen, das uns mit seinem bärtigen Kinn entzückt. Aber sie weiß, dass wir keine Bedrohung darstellen, und so nimmt sie ihre beiläufige Wachsamkeit wieder auf, ein Ohr leicht in unsere Richtung gekippt – das einzige Anzeichen dafür, dass sie immer noch aufpasst."

Die körperliche Präsenz von Pferden ist imposant – ihre kräftigen Muskeln, die wehenden Mähnen und Schweife und ihre fein geformten Körper hinterlassen einen bleibenden Eindruck. Das Pferd vereint auf einzigartige Weise Kraft und Schönheit mit einem von Natur aus freundlichen Wesen. Manche Tiere versetzen uns in Ehrfurcht, wenn wir sie nur von Weitem sehen, andere sind vertraute Arbeitspartner oder Teil unserer Freizeitaktivitäten. Die enge Beziehung, die zwischen einem vergleichsweise schwachen Menschen und einem großen, kräftigen Tier entstehen kann, gehört zu den faszinierendsten und inspirierendsten Aspekten der menschlichen Kulturgeschichte. Wesen und Temperament des Pferdes stellen ein zentrales Element in dieser Partnerschaft dar, aber seine komplexen körperlichen Merkmale sind ebenso wichtig.

Das Pferd ernährt sich von Gras und Laub; seine Zähne eignen sich sowohl zum Beißen als auch zum Mahlen. Seine Augen befinden sich weit oben an einem langen Schädel, sodass es beim Grasen nach Gefahren Ausschau halten kann, und die Position der Ohren auf dem Kopf sorgt dafür, dass es auch bei gesenktem Kopf gut hören kann. Eine feine Fellschicht verhindert, dass Fremdkörper ins Ohr gelangen, und die weiche Schnauze ist mit dünnen Tasthaaren besetzt, die es bei der Futtersuche unterstützen. Dank seiner feinen Nase kann ein Pferd Wasser über viele Kilometer Entfernung riechen. Auf unbekannte Gerüche reagiert es heftig, insbesondere auf solche, die einen Räuber in der Nähe vermuten lassen. Pferde entziehen sich einer Gefahr in der Regel durch Flucht, und ihre Hufe sind so geformt, dass sie rasch über unterschiedliches Gelände laufen können. Seine langen

Gegenüber: *Die Ohren dieser Stute verraten ihre Unruhe aufgrund von Geräuschen aus mehreren Richtungen. Gesicht und Körperhaltung verraten, dass sie noch nicht weiß, wie sie darauf reagieren soll.*

Beine mit einer relativ einfachen Knochenstruktur und den Hufen machen einen schnellen Läufer aus dem Pferd, und seine scharfen Sinne sorgen dafür, dass es sich seiner Umgebung jederzeit in hohem Maße bewusst ist und sofort reagieren kann. Die großen Muskeln liegen vor allem im oberen Körperbereich und verleihen ihm Schnelligkeit und Beweglichkeit.

Wie bei den meisten in Gruppen lebenden Tieren spiegelt die Körperhaltung des Pferdes seinen Gemütszustand wider. Die kleinste Ohrbewegung wird von anderen Pferden wahrgenommen und verstanden. Das Außenohr besteht aus Knorpel und ist wie ein Trichter geformt, der Geräusche über einen großen Frequenzbereich erfasst. Da die Ohren sich unabhängig voneinander bewegen, können sie gleichzeitig Geräusche aus unterschiedlichen Richtungen auffangen. Sie zeigen Aufmerksamkeit und Stimmung eines Pferdes so zuverlässig an, dass jeder, der mit Pferden arbeitet, sich hundertprozentig darauf verlassen kann.

Das Pferdeohr lässt sich in alle Richtungen drehen, und nicht selten sieht man ein Pferd, dessen eines Ohr nach vorn und das andere nach hinten zeigt. Häufig wird angenommen, dass nach vorn zeigende Ohren gute und nach hinten gedrehte Ohren schlechte Laune bedeuten. Ein Pferd kann zwar durch zurückgelegte Ohren Wut ausdrücken, doch es dreht sie auch halb nach hinten, um zu lauschen oder um Unterwerfung zu zeigen. Manchmal sinken die Ohren nach hinten oder zur Seite, wenn das Pferd döst, aber diese entspannte Bewegung unterscheidet sich ganz eindeutig vom Erscheinungsbild eines Pferdes, das die Ohren vor Wut oder Angst anlegt.

Auch der Schweif gibt über den Gemütszustand des Pferdes zuverlässig Auskunft – wie die Ohren verändert seine Position die ganze Erscheinung des Pferdes. Die Körperhaltung ist ein nützliches Kommunikationsmittel, das einem anderen, weiter entfernten Pferd Informationen übermittelt oder es warnt. Ein aufgestellter Schweif zeigt gewöhnlich Aufregung an – was Freude, Beunruhigung oder Fluchtbereitschaft bedeuten kann. Ein entspannter Schweif weist auf eine entsprechende Gemütsverfassung hin, ein eingezogener Schweif dagegen ist ein Zeichen für Furcht oder Verteidigungsverhalten. Ein hin- und herpeitschender Schweif kann bedeuten, dass das Pferd ganz einfach lästige Fliegen verscheucht, aber auch ein Zeichen für Ärger oder Verdruss sein oder auch von Unbehagen. Beim Reiten können ein peitschender Schweif und reizbares Verhalten auf schlecht sitzendes Sattel- und Zaumzeug oder ein grundsätzliches körperliches Problem hinweisen, das Schmerzen bereitet oder dem Pferd nicht erlaubt, sich beim Arbeiten zu entspannen.

Rechts: *Diese Camargue-Pferde gehen sehr gelassen miteinander um. Die Art, wie sich ein Pferd um das andere biegt, zeigt nicht nur vertraute Nähe, sondern auch Respekt vor dessen Platz.*

Die Körperhaltung bestimmt die Silhouette des Pferdes und sendet ein klares visuelles Signal an andere Pferde in der Nähe. Abrupte Kopfbewegungen oder das Hochwerfen des Kopfes können in einem Wiehern gipfeln, das Frustration und Furcht anzeigt, während das Verdrehen des Halses eine gereizte Bewegung ist, die man häufig sieht, wenn ein Pferd nicht wagt, seinen Ärger frei zu zeigen. Sind sowohl Kopf als auch Schweif erhoben, führt dies zu einer gekrümmten Silhouette und hoher Beinaktion, was auf Erregung hindeutet, während bodennahe, gemäßigte Bewegungen Signale für Ruhe und Gelassenheit sind, auf die sowohl Pferde als auch Menschen instinktiv reagieren.

Ein entspanntes Pferd hat halb geschlossene Augen und hält den Kopf fast auf gleicher Höhe mit dem Widerrist – der höchsten Stelle des Pferderückens – oder etwas tiefer. Häufig verlagert es dabei das Gewicht auf eine Seite und berührt auf der anderen den Boden nur mit der Hufspitze. Döst es in diesem entspannten Zustand ein, rastet das Kniegelenk des Standbeins so ein, dass das Pferd ohne Anstrengung stehen bleiben kann. Diese Fixierung wird von Bändern im Kniegelenk gehalten, die das Pferd durch Drehen der Kniescheibe aktivieren kann.

„Die **Körperhaltung** bestimmt die Silhouette des Pferdes und sendet ein **klares visuelles Signal** an **andere Pferde** in der Nähe.“

Natürliche Beweglichkeit

Die Übungen der klassischen Dressur, vor allem die Schulen über der Erde, basieren auf dem Verhalten und den Posen von Hengsten, die eine Stute anbalzen oder einen Rivalen beeindrucken wollen. Die Muskeln schwellen an, und der Hals krümmt sich, während die Hufe kräftig angehoben werden. Der Hengst scheint bei seinem feurigen Auftritt über den Boden zu schweben. Dieses männliche Balzverhalten gehört zwar zum spezifischen Repertoire der Hengste, doch auch Stuten und Wallache können es annehmen, wenn sie beispielsweise durch das Geräusch galoppierender oder wiehernder Pferde in Aufregung geraten. Das Ausschlagen mit den Hinterbeinen ist eine Abwehrbewegung und kann mit beiden Hinterbeinen gleichzeitig erfolgen. Häufig kann man dieses Verhalten in Herden von Hauspferden beobachten, die wenig Platz zur Verfügung haben. Ein Pferd, das nicht stark genug ist, einem Widersacher direkt die Stirn zu bieten, aber über ausreichend Selbstvertrauen verfügt, um dagegen zu protestieren, schlägt häufig mit beiden Hinterbeinen aus. Oft sieht man dieses Verhalten auch bei jungen, herumtollenden Pferden. Dennoch ist ein Tritt mit beiden Hinterbeinen nicht harmlos – aber natürlich passen Pferde ihr Verhalten der Situation entsprechend an.

Wenn sich zwei Pferde kennenlernen oder wie alte Freunde wiedertreffen, wälzen sie sich meist auf dem Boden, galoppieren zusammen umher, tänzeln und führen Scheinkämpfe, oft begleitet von lautem Quietschen, halten die Nasen zusammen und atmen einander an. Wenn sie zuerst mit einer Nüster und dann mit der anderen schnüffeln, bedeutet dies, dass sie den Geruch in unterschiedlichen Teilen ihres Gehirns entschlüsseln. Dieses Verhalten zeigen Pferde bei der Futterauswahl, beim Lokalisieren von Gefahren, wenn sie eine Bindung zueinander aufbauen und im Paarungsverhalten. Verwirrt sie ein Geruch oder erweckt er ihr besonderes Interesse, ziehen sie manchmal die Oberlippe zurück und strecken gleichzeitig Kopf und Hals nach vorn. Man nimmt an, dass dieses Verhalten – Flehmen genannt – ihnen eine bessere Analyse des Geruchs und der möglicherweise enthaltenen Pheromone ermöglicht. Dabei atmen sie über eine Verbindung direkt hinter den Vorderzähnen tief in ihr Riechorgan, das sich oberhalb des Gaumens befindet.

Gegenüber: *Wenn ein Pferd so buckelt, kann sich kaum ein Reiter mehr auf seinem Rücken halten! Gleichzeitig zeigt sich hier aber das Potenzial für die beeindruckenden Sprünge in der klassischen Dressur.*

Rechts: *Idealerweise ergänzt der Reiter das natürliche Gleichgewicht des Pferdes in einer Art zentaurenhafter Partnerschaft zwischen Mensch und Tier.*

Die Wirbelsäule von Pferden wird von langen, kräftigen Muskeln und Sehnen geschützt. Diese haben sich allerdings zum Laufen herausgebildet und nicht, um einen Reiter zu tragen, daher ist es unverzichtbar für die Gesundheit des Pferdes, das Gewicht mithilfe eines passenden Sattels, einer ausgeglichenen Reithaltung und richtigem Training gleichmäßig zu verteilen.

Der Rücken des Pferdes besteht aus den Wirbelkörpern, kleinen Gelenken, Sehnen und kräftigen Bauchmuskeln. Dieser Aufbau verleiht ihm Stabilität, aber nur wenig Beweglichkeit. Die Halswirbel dagegen sind sehr beweglich und ermöglichen dem Pferd, den Kopf hochzurecken, auf dem Boden zu grasen und sich selbst zu putzen.

Beim Training senkt und wölbt sich der Hals auf natürliche Weise, die Rückenmuskulatur wird angehoben und stützt das Gewicht des Reiters. Ein Pferd kann nicht über die Zügel in eine ausgeglichene Haltung gezwungen werden; auf diese Weise wird es sich niemals so effizient und anmutig bewegen, wie es seiner Natur entspricht.

Manchmal entstehen aufgrund einer ungleichmäßigen Entwicklung der Muskulatur auch Verletzungen, oder das Pferd wirkt ruhelos und scheint sich nicht wohlzufühlen.

Bewegt sich ein Pferd entspannt und gleichmäßig, befindet es sich im natürlichen Gleichgewicht. Dieser Zustand sollte auch mit dem

zusätzlichen Gewicht des Reiters erreicht werden. Ein Pferd wirft den Kopf nach oben und unten oder mahlt mit den Zähnen, nicht nur wenn es unglücklich ist – sondern das gilt auch, wenn es geritten wird.

Zieht ein Pferd einen schweren Karren oder einen Pflug, bewegt es sich anders. Es muss sein Gewicht ins Geschirr stemmen und die Hinterbeine gut unter den Körper bringen, als würde es bergauf gehen. Beobachtet man die Bewegungen eines Pferdes ohne Last, findet man am besten heraus, wie man es beim Ziehen einer Kutsche oder beim Tragen einer Last am besten unterstützt.

Die Größe von Brust, Körper und Beinen eines Pferdes bestimmt, ob es in der Lage ist, Lasten ausdauernd und schnell zu tragen oder zu ziehen. Diese Merkmale sicherten ihm in seiner Entwicklung das Überleben.

Mit seinen langen Beinen kann das Pferd instinktiv vor Gefahren fliehen und durch hohes

Gras ziehen, ohne dass seine Sicht behindert wird. Die tiefe Brust bietet den großen Organen Herz und Lunge Platz, deren erhöhter Einsatz bei unvermittelten Sprints gefragt ist, und der große Bauch des Pferdes sorgt dafür, dass es Pflanzen fressen kann, die lange verdaut werden müssen. Bei Wiederkäuern wie Kühen oder Schafen besteht der Magen aus mehreren Teilen, in denen die pflanzliche Nahrung teilweise verdaut, dann wieder hochgewürgt und erneut gekaut wird, um sie in verdauliche Bestandteile zu zerlegen. Pferde jedoch haben nur einen Magen und führen diesem ständig kleine Mengen an Nahrung zu. Sie legen nur kurze Ruhepausen ein, in denen sie nicht fressen. Aus diesem Grund sind drei Fütterungen pro Tag und lange Phasen ohne Verdauungstätigkeit beim Stehen im Stall für Pferde nicht geeignet – schmerzhafte oder sogar tödlich endende Koliken im Magen-Darm-Trakt oder auch komplizierte Stoffwechselerkrankungen können die Folge sein.

Die meisten modernen Weiden wurden für Rinder oder Schafe angelegt und sind für Pferde zu üppig bewachsen. Pferde haben sich in der Natur auf eher spärlich bewachsenem Weideland entwickelt; das saftig grüne Gras kann ihre Verdauung überlasten und zu Problemen wie Koliken und Hufrehe – einer Entzündung der Hufe – führen. Auch wenn sie den ganzen Tag lang frei grasen dürfen, können also gesundheitliche Probleme auftreten.

In einer idealen Umgebung haben Pferde eine breite Auswahl an Büschen, Kräutern und Bäumen sowie Gräsern, die für eine ausgewogene Ernährung sorgen. Der Boden sollte sowohl harte, weiche als auch steinige Bereiche haben, damit die Hufe gleichmäßig abgenutzt werden, und fließendes Wasser ebenso zur Verfügung stehen wie ein Unterstand für raue Witterungsverhältnisse. Sicher ist es nicht leicht, all das anbieten zu können, aber allein das Wissen darum ist schon nützlich, um das Beste aus den Gegebenheiten zu machen – damit die Pferde bei guter Gesundheit bleiben.

Rechts: *Dieser hübsche Araber genießt ganz offensichtlich das Leben in einer nahezu idealen Umgebung – hartes, nicht zu saftiges Gras in ausreichender Menge, dazwischen Büsche zum Knabbern und Bäume zum Unterstellen.*

Links: *Alle Pferde bekommen im Winter ein dickeres Fell, aber bei den Rassen kälterer Klimazonen ist es besonders ausgeprägt. Nicht nur das Fell, sondern auch Mähne, Schweif und Kötenbehang schützen sie vor der Kälte.*

Ein glänzendes Sommerfell gehört zu den attraktivsten Merkmalen eines Pferdes und zeugt von guter Gesundheit und Wohlbefinden. Pferde wechseln jedoch ihr Fell mit den Jahreszeiten, und der strahlende Anblick im Sommer kann durchaus einer struppigen, schlammverklebten Winterversion weichen. Und genau so soll es auch sein – das Pferd ist anpassungsfähig und nicht zuletzt aus diesem Grund auch so erfolgreich. Rassen aus trockenen oder heißen Klimazonen haben feineres Haar. Auch sie bekommen ein Winterfell, das jedoch deutlich weniger dick ist als bei Rassen aus raueren Klimazonen, die sich gegen Regen, Schnee und Kälte schützen müssen.

Viele Pferde haben ein langes, raues Winterfell, und auch wenn ihre Besitzer ihnen wärmende Decken überlegen, ist der natürliche Schutz gegen das Wetter vermutlich die bessere Lösung. Werden Pferde über mehrere Winter hinweg nicht zugedeckt, wächst ihnen ein dickeres Winterfell; sie entwickeln insgesamt eine robustere, der Umgebung angepasste Konstitution und können ihre Körpertemperatur besser regeln. Eine Decke ist nützlich, um empfindliche Pferde warm und, Reitpferde sauber zu halten sowie den natürlichen Wärmeverlust nach dem Scheren auszugleichen.

Gelegentlich tut ihnen ein Schlammbad aber auch ganz gut. Das Wälzen auf dem Boden sorgt für eine natürliche Massage, entfernt abgestorbene Haare, regt die Haarwurzeln zum Wachsen an, und die Schlammschicht schützt vor kaltem Wind.

Ein Pferd hat eine so empfindliche Haut, dass es eine winzige Fliege spürt, die darauf landet. Auch wenn wir als Kinder darin bestärkt wurden, einem Pony den Hals zu klopfen, werden Pferde lieber gestreichelt oder, noch besser, gekratzt. Findet man seine Lieblingsstelle, oft unter der Mähne oder am Hals, streckt sich das Pferd dem Kratzen wohlig entgegen. Wer Glück hat, wird sogar mit den Zähnen zurückgekratzt. Auch wenn es nicht unbedingt angenehm ist, von einem eifrigen Pferd mit großen Zähnen gekratzt zu werden, freuen sich die meisten Besitzer doch, wenn das Pferd ihre Zärtlichkeiten erwidert. Das gegenseitige Putzen ist ein Zeichen für Vertrauen und gehört zum entspannten Beisammensein, das eine Herde zusammenschweißt.

Gegenüber: *Das lockige Fell des American Bashkir Curly Horse verschafft ihm bei rauer Witterung einen einzigartigen Vorteil. Für viele Pferdefreunde, die gegen das Fell anderer Rassen allergisch sind, ist dieses Tier eine Alternative.*

Während die meisten Rassen ein langes Winterfell bekommen, gehört der Baschkir aus den südlichen Ausläufern des Uralgebirges zu den Bergrassen der eurasischen Steppen, deren Fell gelockt ist. Sie gedeihen in den extremen Umweltbedingungen ihrer Heimat, wo die Temperaturen auf unter minus 30 Grad fallen können. Wie viele einheimische Rassen sind sie an solche Bedingungen hervorragend angepasst. In Wirtschaft und Alltag spielen sie eine große Rolle; ausgekämmte Haare aus dem gelockten Fell werden zu Decken und Kleidung verarbeitet, und die zähen kleinen Tiere dienen der einheimischen Bevölkerung als Quelle für Milch, Fleisch und „Wolle" und auch als Reit-, Zug- und Packponys.

Die lange Geschichte der Rassen mit gelocktem Fell in den russischen Steppen erfuhr eine unerklärliche Wendung, als gelockte Pferde auch unter den Mustangherden von Nevada in den USA entdeckt wurden. Die Stämme der Sioux und der Crow sollen sie ab etwa 1800 gezüchtet haben, und gegen Ende des Jahrhunderts waren sie ein vertrauter Anblick in den Herden der Pferdefarmen.

Als in den Dreißigerjahren während eines außergewöhnlich harten Winters in Nevada Pferde auf den Weiden zurückgelassen wurden, überlebten nur die Tiere mit gelocktem Fell. Von diesem Zeitpunkt an wurden sie wegen ihrer Belastbarkeit, ihres Temperaments und ihrer Ausdauer sowie wegen ihrer ungewöhnlichen Merkmale gezüchtet. Doch niemand hat das Geheimnis ihrer Herkunft je gelüftet oder herausgefunden, ob sie mit den Baschkiren verwandt sind. Die Zusammenhänge werden jedoch weiter erforscht und mit der zunehmenden Präzision genetischer Tests wird dieses Rätsel zweifellos bald gelöst sein.

Die gelockten amerikanischen Pferde sind unter dem Namen American Bashkir Curly Horse oder American Curly Horse bekannt. Ihr Fell kommt in allen Farben vor, und sie werden größer als die eurasischen gelockten Rassen. Genau wie bei diesen ist ihr Fell jedoch im Winter dick und lockig und im Sommer leicht gewellt; die Doppelmähne fällt zu beiden Seiten des Halses ab. Mähne, Schweif, das Fell in den Ohren und sogar die Wimpern können ebenfalls gewellt sein. Die Lockenstärke variiert von sehr klein bis hin zu leicht gewellt. Die sogenannten „Extreme-Curlys" zeigen besonders starke Locken, und einige verlieren Mähne und Schweif jedes Jahr fast vollständig. Im folgenden Jahr wächst beides wieder nach. Dem Fell aller Curlys ist eines gemein: es ist hypoallergen, löst also beim Menschen keine Allergien aus.

Gegenüber: *Das Auge des Pferdes hat sich entsprechend seinen Bedürfnissen als Beutetier entwickelt. Dank der Rundumsicht kann es besonders viele visuelle Informationen aufnehmen.*

Ein anderer Blickwinkel

Wie alle Beutetiere haben Pferde im Laufe der Evolution einen guten Sehsinn entwickelt, damit sie Raubtiere rechtzeitig entdecken und davonlaufen können. Da sich ihre großen Augen seitlich am Kopf befinden, haben sie eine sehr gute Rundumsicht, mit der sie ihre Umgebung fast vollständig wahrnehmen können. Ein Pferd sieht selbst ein im Gras lauerndes oder sich von schräg hinten anschleichendes Raubtier. Kommt allerdings der Räuber direkt von vorn oder direkt von hinten, wird es gefährlich. Durch die seitliche Position der Augen entsteht vor und hinter dem Pferd ein blinder Fleck. Deshalb kann es auch einen Menschen, der unmittelbar vor ihm steht, nicht sehen, ebenso wenig wie ein Hindernis auf den letzten Schritten davor. Am meisten gefährdet ist ein Pferd durch eine geräuschlose Annäherung, die von direkt hinten erfolgt.

Daher sollen Reitschüler sich von der Hinterhand des Pferdes fernhalten, weil sie bei einem plötzlichen Geräusch oder einer unerwarteten Berührung von hinten instinktiv austreten. Die kräftigen Hinterbeine sind die wirkungsvollste Art, einen Räuber zu vertreiben. Ein gelassenes Pferd schlägt jedoch nicht aus, wenn es die Berührung einer Hand oder beruhigende Worte gewöhnt ist.

Der blinde Fleck vor dem Pferd liegt in dem Bereich bis etwa neunzig Zentimeter direkt vor seinen Augen. Der Bereich hinter ihm, der unsichtbar bleibt, wenn es nach vorn sieht, ist nur etwas breiter ist als das Pferd selbst. Wenn aber von hier aus ein Auto oder ein unbekanntes Geräusch das Pferd in Panik versetzt, sagen ihm all seine Sinne, dass hinter ihm Gefahr droht und dass es schnell davonlaufen muss. Ein angebundenes oder mit kurzem Zügel gerittenes Pferd kann Kopf und Körper nicht drehen, um sich nach möglichen Gefahren umzusehen – was zu übertrieben wirkenden Verhaltenweisen führen kann.

Dank seiner Größe kann das Pferdeauge sogar in der Ferne oder unter schlechten Lichtbedingungen ein Maximum an visuellen Informationen aufnehmen. Pferde bewegen sich draußen in der Dunkelheit selbstbewusst und haben auch in einem dunklen Stall keine Schwierigkeiten, sobald ihre Augen sich an das spärliche Licht gewöhnt haben. Wird das Licht eingeschaltet, blinzeln sie, und einigen Pferden ist helles Sonnenlicht unangenehm, vor allem, wenn sie aufgrund ihrer Fellfarbe helle Augen haben.

Das Auge eines Pferdes sieht die Welt anders als wir. Die Pupille hat eine eher waagerechte als runde Form – damit kann das Pferd auf kurze bis mittlere Entfernung sehr scharf sehen, darüber hinaus nimmt es aber eher Bewegungen wahr als Details.

Rechts: *Dieses Pferd dreht den Kopf und richtet ein Ohr nach hinten aus, um möglichst viele Informationen darüber zu sammeln, was sich direkt hinter ihm befindet.*

Sobald das Pferd eine Bewegung erkennt, dreht es den Kopf, um schärfer sehen zu können. Es kann sowohl mit einem Auge Dinge betrachten, die sich seitlich von ihm befinden, als auch beide Augen gleichzeitig auf etwas vor ihm richten. Auch daher ändert es seine Position: Es hat etwas mit einem Auge gesehen und möchte es mit beiden Augen betrachten, um es besser einschätzen zu können. Möglicherweise möchte es einen unbekannten Gegenstand auch mit der Nase berühren und so mit einem weiteren Sinn Informationen über seine Umgebung sammeln, oder es weigert sich, näher an etwas heranzugehen, wenn davon eine Gefahr ausgehen könnte.

Ein ängstliches Pferd mit hoch erhobenem Kopf kann den Boden nicht sehen und läuft daher Gefahr, zu straucheln oder zu stolpern, vor allem dann, wenn es von einem ebenfalls ängstlichen Reiter am kurzen Zügel gehalten wird. Damit das Risiko nicht weiter vergrößert wird, ist es immer sinnvoll, einem Pferd zu erlauben, sich etwas Beunruhigendes genau anzusehen und das Gelände unter seinen Hufen zu inspizieren. Hilfreich ist auch, wenn der Reiter von dem Objekt wegsieht, welches das Pferd beunruhigt, da es Augenmerk und den Grad der Anspannung des Reiters spüren kann. Hält der Reiter eine Situation für ungefährlich, trägt das auch zur Entspannung des Pferdes bei.

Ein Pferd kann sein räumliches Sehen regulieren, indem es den Kopf hebt, senkt oder schief hält – so nimmt es ein Objekt näher in Augenschein. Ein Pferd krümmt manchmal den ganzen Körper, um etwas neben sich besser erkennen zu können, oder es kippt den Kopf auf eine Seite. Unterbindet man dieses natürliche Verhalten beim Reiten, kann das dazu führen, dass ein Pferd scheut, wenn es einem fremden Objekt begegnet. Lässt der Reiter es hingegen zu, gibt er dem Pferd die Möglichkeit, in beunruhigenden Situationen mehr Selbstvertrauen zu entwickeln. Manche Pferde scheuen schneller als andere – möglicherweise sehen sie schlecht, aber auch Temperament und die Erfahrung des Tieres spielen hier eine wichtige Rolle.

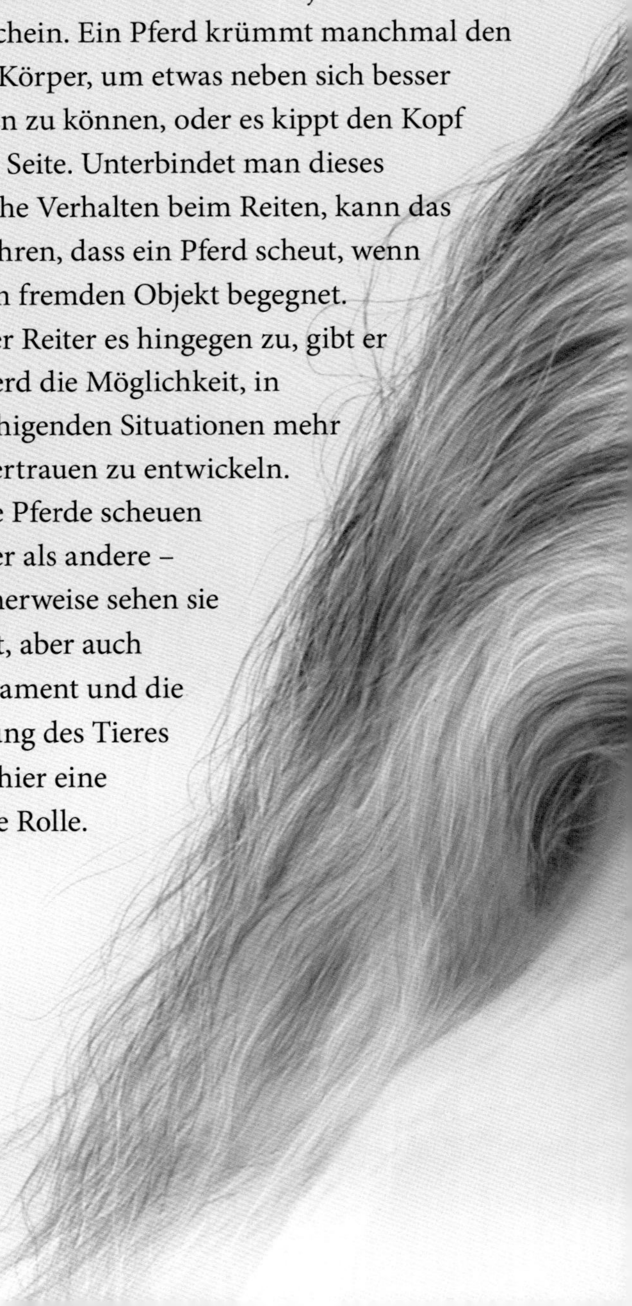

Gegenüber: *Die natürliche Fähigkeit des Pferdes, schnell zu laufen, ist auf seinen Überlebensinstinkt zurückzuführen, doch das Galoppieren scheint ihm auch ganz einfach Spaß zu machen.*

Zum Laufen geboren

Von ihrer evolutionären Entwicklung her sind Pferde schon geborene Lauftiere, doch sind mit der Zeit zahlreiche Rassen mit dem ausdrücklichen Ziel noch größerer Schnelligkeit gezüchtet worden, beispielsweise das American Quarter Horse und das Englische Vollblut.

Das Quarter Horse ist eine sehr vielseitige Rasse, als Ranchpferd geeignet und auch in vielen Reitsportdisziplinen beliebt. Sie wurde aus demselben iberischen Grundbestand gezüchtet wie der Mustang und mit „Rennpferden“ unterschiedlicher Herkunft gekreuzt, die mit den britischen Siedlern im frühen 17. Jahrhundert nach Amerika kamen. Ihren Namen hat diese pfeilschnelle und elegante Rasse dem Ruf zu verdanken, bei den Viertelmeilenrennen in Virginia beeindruckend schnell gewesen zu sein. Die kräftige Bemuskelung der Hinterhand lässt die hervorragende Beschleunigungsfähigkeit erahnen. Mit seinem kompakten Körper und dem feinen Kopf wirkt das Quarter Horse sehr athletisch. Es eignet sich für nahezu jede Arbeit und wird aus diesem Grund auch heute noch von allen Rassen am häufigsten für die Arbeit auf der Ranch eingesetzt. In den USA ist es die beliebteste Rasse mit dem umfangreichsten Zuchtbuch weltweit, während andere Arbeitsrassen inzwischen als selten oder gefährdet gelten.

Das Englische Vollblut wurde ebenfalls aus den „Rennpferden“ des 17. Jahrhunderts gezüchtet, aber die britischen Züchter schlugen dabei eine ganz andere Richtung ein. Im Gegensatz zum Quarter Horse, dem kleinen, temperamentvollen Sprinter, ist das Vollblut größer und feingliedriger. Das langbeinige, edle Pferd wurde für Rennen gezüchtet, die ursprünglich mindestens vier Meilen – 6,4 Kilometer – lang waren und manchmal auch über Zäune führten.

Das Pferderennen ist in Großbritannien schon seit dem Mittelalter ein Volkssport, doch im 17. Jahrhundert entstand eine enge Bindung zwischen Rennsport und Monarchie. König Karl II. war nicht nur ein großer Fan von Pferderennen, sondern ging auch selbst an den Start. Mit der königlichen Unterstützung wuchs das Interesse daran, Rennpferde zu züchten. Bis heute züchtet das britische Königshaus, und vor allem die Queen ist eine begeisterte Züchterin und Besitzerin von Rennpferden. Während das Quarter Horse spanisches Blut in sich trägt, hat das Vollblut viel dem Araber zu verdanken. Andalusier und Araber stammen aus einer gemeinsamen Blutlinie und lassen sich beide auf Wüstenrassen zurückführen. Sie veredeln jede Rasse, in die sie eingekreuzt werden, mit Vornehmheit, Ausdauer, Geschwindigkeit und Vererbungssicherheit – das ist die

“Das **Quarter Horse** ist eine sehr **vielseitige** Rasse, zum Rinderhüten und als **Ranchpferd** geeignet … **pfeilschnell** und **elegant**.”

Links: *Das Irish Draught, hier frei an einem Strand in Connemara (Irland) umherstreifend, vereint die Kraft und Energie des Zugpferds mit der Eleganz und Vielseitigkeit eines idealen Reitpferds.*

Veranlagung, Merkmale zuverlässig an Nachkommen weiterzugeben. Die Praxis des Auskreuzens mit einem Andalusier oder Araber hat schon viele Rassen verbessert und weiterentwickelt.

Drei Araberhengste namens Godolphin Arabian, Darley Arabian und Byerley Turk waren die Stammväter des Englischen Vollbluts. Keiner war für seine Schnelligkeit berühmt, aber sie vererbten ihre Anmut und ihre Ausdauer an die Rennpferde weiter, die über Generationen aus einheimischen Beständen gezüchtet worden waren. Am Ende des 18. Jahrhunderts war das „Rennpferd" etabliert.

Das erste Stutbuch mit Zuchtunterlagen des Vollbluts wurde 1791 von James Weatherby veröffentlicht. Es hieß *An Introduction to a General Stud Book*, der erste vollständige Band *The General Stud Book* folgte 1808. Aktualisierte Versionen werden bis heute alle vier Jahre veröffentlicht. Tiere, die in das Stutbuch aufgenommen werden, müssen von Pferden abstammen, die dort schon verzeichnet sind. Das bedeutet, dass der Stammbaum jedes registrierten Vollbluts auf die drei Araberhengste zurückgeführt werden kann.

Das Englische Vollblut wurde zwar speziell für Rennen gezüchtet, es wurde jedoch auch als Reitpferd eingesetzt. Durch das Kreuzen mit Rassen wie dem Irish Draught werden solche kompakteren Rassen verfeinert, während das zartere Vollblut von deren Kraft und starken Knochen profitiert.

Gegenüber: *Die gewaltige Kraft des Shire Horse widerspricht keineswegs seiner Schnelligkeit und seiner Anmut. Im Gegenteil – die großen, donnernden Hufe eines galoppierenden Shire lassen seine Geschwindigkeit umso beeindruckender erscheinen.*

Größe und Arbeitskraft

Neben seiner Schnelligkeit gehört die Kraft des Pferdes zu seinen beeindruckendsten Eigenschaften. Zugrassen wie Shire oder Percheron imponieren schon allein durch ihre Größe, doch auch Rassen wie das kleine Shetland-Pony besitzen eine enorme Kraft.

Ein Shire kann mit einer Widerristhöhe von rund 175 cm das Zweifache seines Körpergewichts ziehen. Die tiefe, schräge Schulter und die langen Muskeln der Hinterbeine verleihen ihm mit den kräftigen Sprunggelenken eine große Zugkraft. Shire-Gespanne wurden früher zum Ziehen von Kohlewagen eingesetzt, die bis zu drei Tonnen wogen. Außerdem zogen sie Pflüge, Karren und Kanalboote, da Zugpferde vor der Verbreitung der Dampfmaschine den Großteil der Antriebskraft in Landwirtschaft und Industrie stellten.

Eine Zeit lang war das Shire durch die zunehmende Mechanisierung ernsthaft bedroht, doch inzwischen hat es eine neue Rolle als Freizeitpferd gefunden. Auch in der Landwirtschaft hat es sich einen festen Platz zurückerobert, nämlich in der kleinbäuerlichen Feldarbeit, in der Forstwirtschaft und in der Landschaftspflege, da die großen Hufe des Pferdes in empfindlichen Gebieten weniger Schaden anrichten als Maschinen. Das seidige Haar um die Fesseln des Shires und anderer schwerer Rassen wird Kötenbehang genannt und schützt die Füße gegen Regen und Schlamm. Shires sind beliebt, weil sie trotz ihrer Größe ruhig und sanft sind und beeindruckende Reitpferde abgeben. Unter ihren Hufen erzittert die Erde, doch sie haben ein freundliches, zuverlässiges Wesen.

Das Shire ist nicht die einzige Zugrasse, die beispielsweise in der Forstwirtschaft eine neue Rolle gefunden hat. Ein kleiner, gedrungener Cob zieht Baumstämme durch Schutzgebiete, ohne andere Bäume zu beschädigen, und kann um enge Kurven und auf schmalen Pfaden navigieren.

Der Percheron war stammt ursprünglich aus Le Perche, einer nordfranzösischen Landschaft in der Normandie und einem der traditionsreichsten Pferdezuchtzentren der Welt. Auch diese Zugrasse ist für ihre große Kraft und außerdem für ihre eleganten Proportionen, ihre Intelligenz und ihre Arbeitswilligkeit bekannt. Im 19. Jahrhundert, als die meisten Arbeitspferde in Frankreich Percherons waren, soll es pro Arbeitstag bis zu 60 Kilometer zurückgelegt haben.

Es gibt viele Arten von Zugpferden, und ihre Aufgabe in der Landwirtschaft blieb ihnen in manchen Ländern trotz der industriellen Revolution erhalten. Die Wertschätzung traditioneller Methoden und die Kosten einer Umstellung auf mechanisierte Methoden haben dazu geführt, dass sie für einige Bauern nach wie vor unersetzlich sind.

Links: *Dieses kräftige russische Zugpferd lässt erahnen, welchen Eindruck erst 300 schwere Pferde auf der Route du Poisson auf den Zuschauer machen müssen.*

Eine traditionelle Veranstaltung für Zugpferde, die sowohl über eine lange Geschichte als auch über eine moderne Anhängerschaft verfügt, ist die Route du Poisson. Auf der „Straße der Fische" wurde einst der frische Fisch eilig von der Küstenstadt Boulogne-sur-Mer auf die Märkte von Paris transportiert. Die Geschichte dieser französischen Tradition reicht viele Jahrhunderte zurück. 1991 wurde die Route du Poisson als internationales Sportereignis ins Leben gerufen, und seither werden bei dem alljährlichen Rennen unter Beteiligung von Mannschaften aus ganz Europa Stärke und Ausdauer von Arbeitspferden bejubelt. Die mehr als 300 schweren Pferde, die über öffentliche Straßen in Richtung Paris donnern, locken jedes Jahr rund 300 000 Zuschauer an.

Die kleineren Rassen sind häufig ebenso ansprechend wie ihre großen Verwandten. Das Shetland-Pony hat sich wie viele einheimische Rassen im Laufe der Evolution an die raue Umgebung und die strenge Witterung seiner Heimat angepasst. An den windgepeitschten Küsten der schottischen Shetland-Inseln ging es auf Nahrungssuche, was ein Grund dafür sein mag, dass es nicht größer wurde. Dem Zuchtstandard nach ist es maximal 107 cm groß. In der Landwirtschaft war dieses zähe kleine Pony ein unersetzlicher Begleiter zum Reiten, Fahren und Lastentragen durch unwegsames Gelände.

Rechts: *Das Shetland-Pony und das Clydesdale ähneln sich nicht nur in der Farbe ihres Fells und – proportional zur Größe betrachtet – ihrer Kraft. Sie zeigen auch, wie sich zwischen Pferden ganz unterschiedlichen Typs feste Freundschaften entwickeln können.*

Das Shetland-Pony ist im Verhältnis zu seiner Größe außergewöhnlich kräftig und zeigt sich mit seinem dichten Fell und der langen Mähne unempfindlich gegen raue Witterung. Seine Hufe sind rund und kräftig. Eher kärgliches Futter verträgt es gut – weitaus besser sogar als saftiges Gras, das bei ihm zu Gesundheitsproblemen führen kann. Außerdem ist es charakterstark, intelligent, gelehrig und ausgesprochen vernünftig. Leider führten all diese Eigenschaften dazu, dass Hunderttausende von Shetland-Ponys einst unter Tage in Minen arbeiten mussten. Heute sind sie beliebte Kinderponys, man trifft sie aber auch häufig vor Kutschen und als Showpferde an. Minishettys sind oft kleiner als ein großer Hund, doch sie haben sich Lebhaftigkeit und Charakter der Rasse erhalten.

Das ursprünglich im Iran heimische Kaspische Pony hat eine ähnliche Höhe wie das Shetland-Pony. Kaspische Ponys zählen – trotz ihrer Größe – wegen körperlicher Merkmale und Gangarten zu den Pferden und nicht zu den Ponys. Sie bewegen sich mit ausgreifenden, bodennahen Bewegungen und fallen dabei durch ihre eleganten Proportionen auf. Kaspische Ponys sind bekannt für ihre Kraft und ihr außergewöhnliches Sprungvermögen sowie für ihr freundliches Wesen. Wahrscheinlich stammen sie von kräftigen, schnellen und wendigen Pferden ab – schon 3400 v. Chr. in Persien zum Ziehen von Kutschen gezüchtet.

„Das Shetland-Pony ist im Verhältnis zu seiner Größe **außergewöhnlich kräftig** und … **charakterstark**, **intelligent**, gelehrig und ausgesprochen **vernünftig**."

Gesundheit der Hufe

Wer sich um Pferde kümmert, weiß, wie wichtig ihr Wohlbefinden ist. Ob preisgekröntes Rennpferd oder Familienpony, die körperlichen Grundbedürfnisse des Pferdes sind immer dieselben und fordern Wissen und Engagement.

Einer der wichtigsten Aspekte dabei ist die Pflege und Gesundheit der Hufe. Die alte Redensart „Ohne Huf kein Pferd" hat durchaus ihre Berechtigung. Der Pferdehuf ist ein sehr komplexer Teil der Anatomie. Pferde können – beschlagen oder unbeschlagen – ohne Weiteres Hunderte von Kilometern zurücklegen, ein Hufabszess oder eine Verletzung an der Sohle jedoch kann sie wochenlang außer Gefecht setzen. Da die Hufe auch durch Verdauung und Stoffwechsel beeinflusst werden, spiegelt sich der Gesundheitszustand des Pferdes im Zustand seiner Hufe wider.

Der Huf besteht aus demselben Material wie das tierische Horn oder die menschlichen Finger- und Zehennägel, wobei eine Außenwand, die Hufkapsel, die empfindlichen inneren Teile des Fußes schützt wie ein harter Schild. Die Funktionsweise des Hufs beim Kontakt mit dem Boden nennt man Hufmechanismus, der auch beeinflusst, wie das Blut durch den Huf und wieder zurück gepumpt wird. Die detaillierte Physiologie dieses Vorgangs ist sehr kompliziert; an dieser Stelle sei nur gesagt, dass der Huf nicht etwa ein fester Block ist, sondern sich mit der Bewegung des Pferdes zusammenzieht und ausdehnt.

Die amerikanischen Mustangs dienen häufig als Beispiel für die Härte und Anpassungsfähigkeit des Hufs in schwierigem Gelände – doch diese Pferde bekommen keine besondere menschliche Pflege. Die Gesundheit ihrer Hufe bestimmt über Leben

und Tod, weil ein beschädigter Huf ihre Beweglichkeit drastisch einschränkt – lahme Pferde können nicht mit der Herde Schritt halten, vor Gefahren flüchten oder auf Nahrungssuche weite Strecken zurücklegen. Pferde in feuchteren Klimazonen sind mit anderen Schwierigkeiten konfrontiert, da es für den Huf wichtig ist, regelmäßig sowohl über nassen als auch über trockenen Untergrund zu laufen. Daher haben manche Pferde, die im Stall gehalten werden oder sich viel auf schlammigem Boden bewegen müssen, Probleme mit den Hufen.

Auf der Unterseite des Hufs befindet sich der sogenannte Strahl, ein weicher, V-förmiger Keil, der die Fußunterseite stützt und eine Brücke zwischen den beiden Außenrändern bildet. Wenn das Pferd sich bewegt, weitet sich der Huf und zieht sich wieder zusammen; der Strahl polstert diese Bewegung ab und sorgt für federnde Schritte, indem er das Bein vor dem Stoß beim Auftreten schützt.

Das Beschlagen von Pferden ist eine alte Tradition, doch stetig wächst inzwischen das Interesse an der Barfußhaltung mit einem speziellen Beschnitt, der die natürliche Abnutzung imitiert. Wieder dient hier der Mustang als Beispiel dafür, wie kräftig und gesund ein naturbelassener Huf sein kann. Es ist nicht mehr ungewöhnlich, unbeschlagene Pferde in vielen Wettkampfdisziplinen und in allen Arten von Gelände zu sehen. Auch Freizeit- und Arbeitspferde bleiben häufig unbeschlagen. Alle 38 Pferde der berittenen Polizei in Houston (Texas) gehen seit 2003 barfuß; dies ist ein überzeugendes Argument für diesen neuen Ansatz in der Haltung von Pferden, die topfit sein müssen, wenn ihr Einsatz gefordert ist.

Die Physiologie des Pferdes ist ein ebenso weitläufiges wie faszinierendes Thema. Die Funktionsweise all seiner Muskeln, Nerven und Skelettstrukturen vollkommen zu verstehen, erfordert ein jahrelanges Studium, doch selbst wenn man Pferde nur im Vorbeigehen beim Grasen beobachtet, gewinnt man ein Grundverständnis dessen, was sich unter ihrer Haut befindet, und neue Einsichten in ihre Lebensweise. All ihre Sinne reagieren auf die geringste Bewegung, das kleinste Geräusch, den schwächsten Geruch, die leichteste Berührung. Durch ihre Haltung, Körpersprache und subtile Bewegungen senden sie Signale an die Pferde in ihrer Umgebung. Sie tun niemals nichts – selbst wenn sie nichts tun.

Links: *Dieser Andalusier-Hengst vereint mit seiner offensichtlichen Kraft und Energie, der Wachsamkeit seiner Körperhaltung und der Anmut seiner ganzen Erscheinung die körperlichen Qualitäten des Pferdes in vollendeter Form.*

Farben und Abzeichen

Faszinierende Vielfalt

> “Auf den ersten Blick scheinen alle Tiere der Herde ähnliche Farben zu haben – herbstliches Rotbraun oder Braun. Doch beim genauen Hinsehen stellen wir fest, dass bei manchen Mähne und Schweif schwarz sind, bei anderen die Mähne goldfarben und das Fell rötlich braun. Bei einer mehlfarbenen Stute verläuft ein schwarzer Streifen entlang der Wirbelsäule, ihre Beine haben ein Zebramuster. Inmitten der Herde verbergen sich zwei gescheckte Fohlen, eines schwarz-weiß, das andere goldbraun-weiß. Als uns das schwarz-weiße neugierig anblickt, sehen wir, dass seine Augen blau sind.”

Einem alten Sprichwort zufolge hat ein gutes Pferd niemals eine schlechte Farbe, und an Farbenvielfalt herrscht sicherlich kein Mangel. Wie überall sonst gibt es auch für Pferde Modefarben, und da Menschen Farben mögen, ist es nur natürlich, wenn sie ihre Lieblingsfarbe bevorzugen. Überraschender vielleicht ist, dass auch Pferde solche Vorlieben haben, insbesondere Hengste, die sich eine Partnerin suchen. Derartige Verhaltensweisen sind gut dokumentiert. Im 19. Jahrhundert notierte Charles Darwin, der Pionier der Evolutionstheorie, dass wild lebende Pferde Paarungspartner bevorzugen, die ähnlich gefärbt waren.

In jüngerer Zeit beobachteten Forscher bei den wild lebenden Mustang-Herden in Montana und Nevada, dass sich manche Hengste um Stuten einer einzigen Farbe versammelten. Schwer zu sagen, ob diese Vorliebe auf die äußere Erscheinung oder auf ein subtileres instinktives Erkennen einer gemeinsamen genetischen Herkunft zurückzuführen ist. Theorien über die Wahrnehmung von Pferden lassen vermuten, dass die Farbvorliebe eines Hengstes auch durch die Farbe seiner Mutter oder die seiner Herdenmitglieder beeinflusst sein kann. In diesem Fall wäre die Farbwahl vor allem durch eine Vertrautheit bedingt, die Sicherheit vermittelt – für Pferde ein wichtiger Aspekt. Da aber nicht alle Hengste diese Farbvorliebe erkennen lassen und Hauspferde sich erfolgreich züchten lassen, obwohl sie ihren Paarungspartner selten wählen können, müssen auch andere Aspekte eine Rolle spielen.

Bei der Wahl von Hauspferden unterliegen Farbtrends oft der Mode. So haben im Laufe der

vergangenen 20 bis 30 Jahre mehrfarbige Pferde zunehmend an Beliebtheit gewonnen. Davor galt Mehrfarbigkeit als Zeichen einer unbekannten Zucht und war deshalb unerwünscht. Die Farbe kann auch widerspiegeln, was zu einem bestimmten Zeitpunkt in der Vergangenheit einfach praktisch war. Als Pferd und Kutsche das wichtigste Fortbewegungsmittel waren, konnte man ein schönes Paar Braune, Füchse oder Schimmel relativ einfach finden, und sie entsprachen dem konservativen Geschmack ihrer wohlhabenden Besitzer, die oft Geschäftsleute waren.

Die Farbe spielt auch schon immer eine wichtige Rolle bei Zuchtstandards, deren Ziel es ist, die typischen Merkmale einer Rasse zu erhalten. Besondere Bedeutung hat das bei bedrohten Rassen wie dem Cleveland Bay, der immer braun mit schwarzem Langhaar ist, oder dem Suffolk Punch, einem Fuchs. Von Pferden mit einem Streifen entlang der Wirbelsäule und Zebrazeichnung an den Beinen heißt es, sie hätten „primitive" Merkmale, und hin und wieder kann sogar bei Rassen, die generell einfarbig sind, ein getupftes oder geschecktes Exemplar auftauchen.

Die genetischen Muster, die diesen Farben zugrunde liegen, sind komplex. Die Kenntnis der

Zuchtgeschichte kann Züchtern helfen, die Farbe eines Fohlens zu planen. Doch Farben sind nicht nur eine Frage des Geschmacks, sie geben auch Aufschluss über genetische Anlagen. Das ist wichtig für die Zucht von Pferden für einen bestimmten Zweck. Doch die Natur ist nur schwer exakt vorherzusagen, und wer eine bestimmte Farbe züchten möchte, sollte sich stets auf Überraschungen gefasst machen.

Manche Rassen treten stets in Variationen derselben Farbe auf. Der hübsche österreichische Haflinger (siehe oben) ist ein Fuchs mit hellem Langhaar, dessen Fell von hell bis dunkel variiert. Der majestätische niederländische Friese ist heute immer schwarz – früher kam er auch als Schimmel und Fuchs vor. Doch der moderne Zuchtstandard, der das Überleben der Rasse sichern sollte, als sie Anfang des 20. Jahrhunderts nur noch aus wenigen Exemplaren bestand, legt fest, dass alle registrierten Pferde schwarz sein müssen. Das einzige erlaubte Weiß ist ein kleiner Stern auf der Stirn. Beliebt ist auch der klassische Araber-Schimmel, der Quarter-Horse-Fuchs und das braune Englische Vollblut, doch alle drei Rassen kommen in vielen weiteren Farben vor.

“Der **majestätische** niederländische **Friese** ist heute **immer schwarz** – früher kam er auch als **Schimmel** und **Fuchs** vor.”

Rechts: *Schwarz und Weiß? Oder Braun und Grau? Bei der Farbe eines Pferdes kann der Schein trügen. Im Sonnenlicht wirkt ein Rappe womöglich wie ein Brauner; die grauen Knie und die dunklen Augen beweisen, dass es sich beim Pferd rechts um einen Schimmel handelt.*

Genetischer Farbcode

Die Farbe wird bestimmt durch die Gene der beiden Eltern. Die Gene sind immer paarweise vorhanden, aber nicht gleich stark. Eine Farbe ist dominant und eine rezessiv, was bedeutet, dass die Merkmale des dominanten Gens immer stärker sind als die Merkmale des rezessiven. Das hat nichts mit dem Geschlecht des jeweiligen Elternteils zu tun, jedoch mit ihrer Zucht. Wenn ihre Gene übereinstimmen, geben sie dieselben Farbmerkmale weiter. Der Schimmel ist dominant gegenüber allen anderen Farben, während der Fuchs immer rezessiv ist. Das bedeutet, dass ein Pferd mit einem Schimmel als Elternteil selbst ein Schimmel wird, auch wenn es bei der Geburt eine andere Farbe hat. Die Farbe des anderen Elternteils spielt dann keine Rolle.

Anders herum ist die Wahrscheinlichkeit, dass ein Pferd ein Fuchs wird, gering, es sei denn, beide Eltern sind Füchse. Die Bezeichnung Fuchs wird für alle Pferde mit rötlichem Fell verwendet. In den USA unterscheidet man oft noch zwischen „Chestnut" für ein dunkleres Rotbraun und „Sorrel" für ein helleres Rotbraun mit Kupferton.

Das Grundpigment aller Pferdefarben ist entweder Rot oder Schwarz. Schwarz schließt auch Braun mit ein, da beide vom selben dominanten Gen abstammen. Auf dieser Basis entstehen Farbvarianten durch Aufhellung, Muster und Modifier-

Gegenüber: *Dieser Apfelschimmel war zu Beginn seines Lebens wahrscheinlich ein sehr dunkles Fohlen, das mit jedem Lebensjahr etwas heller geworden – also ausgeschimmelt – ist.*

Gene, welche die Grundfarbe verändern. Das kann sich am ganzen Körper oder nur an Mähne, Schweif, dem unterem Bereich der Beine und um die Ohren zeigen. Etwa zehn weitere Gene modifizieren die Grundfarben und erzeugen die Farbvielfalt, die wir bei Pferden kennen. Sie werden Dilute-Gene genannt, da sie die Fellfarben „verdünnen" beziehungsweise aufhellen. Es gibt mindestens fünf mögliche Aufhellungen: „Silver", „Champagne", „Cream", „Pearl" und „Falbe". Die Stärke der Aufhellung und ihre Anlage als dominantes oder rezessives Gen bestimmt die Farbe.

Wenn ein Pferd homozygot ist, das heißt, wenn es zwei identische Kopien eines Gens besitzt, tritt das betreffende Merkmal bei den Nachkommen auf. Damit das Merkmal eines rezessiven Gens ausgeprägt wird, muss das entsprechende Genpaar rezessiv sein. Wenn das Pferd heterozygot ist, hat es zwei verschiedene Gene, und die Nachkommen tragen das dominante Merkmal.

Die Schimmelfarbe ist immer dominant. Doch streng genommen handelt es sich nicht wirklich um eine Farbe, da sie durch ein Modifier-Gen verursacht wird, das dunkle Haare durch helle ersetzt. Echte Schimmel haben eine dunkle Haut und dunkle Augen und werden in der Regel als Braune, Füchse oder sogar als Rappen geboren. Auch Pferde, die bei Geburt rappwindfarben sind, hellen auf. Das erfolgt unabhängig vom Alter, denn das Ausschimmeln kann stattfinden, noch bevor ein Pferd ausgewachsen ist. Ein dunkles Fohlen kann bereits mit vier bis sechs Monaten, wenn es sein Babyfell abwirft, Anzeichen des Ausschimmelns zeigen. Das Ausschimmeln erfolgt mit dem Wechsel zwischen Winter- und Sommerfell. So erscheinen jedes Jahr mehr helle Haare, während dunklere abgeworfen werden.

Lipizzaner, die berühmten weißen Pferde der Spanischen Reitschule in Wien, sind ein besonders gutes Beispiel für die sich verändernden Schimmelfarben. Lipizzaner sind bei ihrer Geburt stets braun oder schwarz, doch mit sechs bis zehn Jahren haben sie alle eine Schimmelfarbe ausgebildet.

Die Langhaare der Schimmel sind meist dunkel, doch je nach Rasse können sich auch diese aufhellen. Ein Fliegenschimmel ist oft anfangs sehr dunkel und wird dann hell, mit kleinen rötlich braunen Tupfen auf dem ganzen Körper. Interessanterweise nehmen die Tupfen mit dem Alter des Pferdes oft zu, und in seltenen Fällen werden sie so dicht, dass sie wieder wie eine einheitliche Farbe wirken.

Ein Apfelschimmel hat deutliche hellere graue Punkte, die manchmal an Rumpf und Schultern dichter sind. Oft bleiben die Langhaare dunkel. Ein Rosenschimmel hat einen Rosaton, der auf rote Haare im Fell zurückgeht. Man bringt Rosenschimmel zwar vor allem mit Arabern in

Rechts: *Vermutlich war der elegante Lipizzaner bei der Geburt dunkelbraun oder schwarz, doch noch vor Vollendung seines zehnten Lebensjahres ist er ausgeschimmelt und hat diese weiß-graue Farbe angenommen.*

Verbindung, doch es gibt sie auch bei anderen Rassen. Jedes Pferd mit dem Gray-Gen, das als Brauner oder Fuchs geboren wird, kann ein Rosenschimmel werden.

Ein Grauschimmel ist sehr auffällig – seine silbrige Farbe verdankt er hellgrauen Haaren in einem dunklen Fell. Er behält diese Farbe oft nur kurz und wird zum Fliegen- oder Apfelschimmel.

Variationen eines Themas

Dunkle Pferde, die weiß werden, bleiben streng genommen immer dunkel. Augen und Haut bezeugen die Existenz des Gray-Gens. Manche Experten sind der Ansicht, dass echte weiße Pferde schon von Geburt an weiß sein und einen weißen Elternteil haben müssen. Sie argumentieren, dass es ein dominantes Weiß-Gen gibt. Da jedoch weiße Pferde gelegentlich auch von andersfarbigen Eltern abstammen, ist das umstritten. Nach wie vor gibt es Uneinigkeit über die Entstehung von Farben, insbesondere der ungewöhnlicheren. Die tatsächliche Farbe wird heute oft durch Gentests ermittelt, denn sie spielt in der Zucht eine große Rolle. Die Merkmale eines weißen Pferdes sind ein ganz weißes Fell von Geburt an, eine rosa Haut und braune – gelegentlich auch blaue – Augen.

Weißisabell wird gelegentlich auch als Weiß oder Albino bezeichnet, doch beides trifft es nicht genau, da ein Weißisabell ein doppeltes Cream-

“ Ein **Fliegenschimmel** ist oft anfangs sehr dunkel und wird dann **hell**, mit kleinen **rötlich braunen Tupfen** auf dem ganzen Körper. ”

Rechts: *Die Färbung dieses beeindruckenden Pferdes – ein Hellisabell – geht auf ein doppeltes Cream-Gen zurück. Das etwas dunklere Cremeweiß seiner Mähne unterscheidet den Hellisabell vom Weißisabell, dessen Langhaare weiß sind.*

Gen hat, das ein cremefarbenes Fell hervorbringt. Hier liegt also eine „doppelte Verdünnung“ vor. Der Unterschied zu Weiß ist bei einem Weißisabell mit weißen Abzeichen sehr deutlich zu sehen.

Champagne kommt in vielen Varianten vor. Die anfangs hellblauen Augen verändern sich später zu hellem Haselnussbraun, die rosafarbene Haut bekommt mit den Jahren dunkle Punkte. Ein Pferd mit einem Champagne-Gen ist immer champagnefarben. Das rezessive Gen bestimmt die Farbvariante. Man unterscheidet „Gold Champagne“ (Champagne und Fuchs) und „Classic Champagne“ (Champagne und Rappe). Champagne findet man vor allem bei Quarter Horse, Tennessee Walker, Missouri Foxtrotter und American Saddlebred.

Pferde mit mehreren Farben bezeichnet man als Farbwechsler. Sie haben eine einheitliche Farbe, die am ganzen Körper mit weißen Haaren – keinen Flecken oder Tupfen – durchsetzt ist. Das Farbwechsel-Gen fügt einfach weiße Haare hinzu und kann bei jeder Farbe auftauchen. Am häufigsten sind der Rotfuchs-Farbwechsler, der Fuchsfarbwechsler, der Rappfarbwechsler und der braune Farbwechsler. Die Grundfarbe ist meist dunkler als der Körper und an Kopf und Beinen deutlich zu sehen. Farbwechsler verlieren mit dem Alter ihre Grundfarbe weniger stark als Schimmel.

Pferde mit nur einer Farbe wie Braune, Füchse oder Falben bleiben ihr ganzes Leben lang gleich.

Gegenüber: *Reines Gold – diese wunderschöne Goldisabell-Färbung verleiht vielen Rassen etwas Märchenhaftes. Der Farbton kann variieren, Mähne und Schweif aber sind immer blond.*

Die Farbintensität kann von Pferd zu Pferd variieren und von der Sonne aufgehellt werden, doch sie werden sich mit der Zeit nicht stark verändern.

Der Goldisabell behält meist seine Farbe – ein glänzendes Gold, wunderschön unterstrichen durch hellblonde oder cremefarbene Langhaare. Je nach Züchtung können dunklere Flecken auftreten wie auch bei anderen hellen Farben. Ein Goldisabell ist sehr leicht zu erkennen. Er kommt in vielen Rassen vor, meist mit dunklen Augen und dunkler Haut. Während ein heller Fuchs oder ein dunkler Weißisabell dem Goldisabell ähneln kann, wird die Farbe durch die Gene und nicht durch die äußere Erscheinung bestimmt. Goldisabell ist keine Rasse, aber viele Farbregister werben dafür, da diese Pferde sehr beliebt sind: Die Kombination des kräftig goldenen Fells und der blonden Mähne verleiht ihnen etwas Märchenhaftes. Interessanterweise können registrierte Vollblüter und Araber jede einheitliche Farbe haben – außer Goldisabell.

Historisch geht die Farbbezeichnung „Isabell" auf Königin Isabella von Spanien zurück, die im 15. Jahrhundert Christoph Kolumbus' Entdeckungsreisen in die Neue Welt finanzierte. Sie soll 100 goldene Pferde besessen und einen Hengst mit Stuten in die Neue Welt entsendet haben, wodurch sie diese Farbe auf dem amerikanischen Kontinent einführte.

Ein Rappe beeindruckt ebenfalls durch seine Farbe, doch diese kann wie beim Schimmel in die Irre führen. Echte Rappen sind ungewöhnlich, außer bei Rassen, die sich wie Fell- und Dales-Ponys und die Friesen durch ihre Farbe definieren. Fell- und Dales-Ponys sind vorwiegend schwarz, und gewisse Ähnlichkeiten mit dem Friesen hinsichtlich Form und Farbe lassen historische Verbindungen zwischen den Rassen vermuten.

Während ein dunkler Brauner oder ein Leberfuchs schwarz wirken können, weist ein Rappe keine andere Farbe auf wie etwa Rot oder Braun. Haut und Augen sind schwarz, nicht nur dunkel. Während Schimmel als Fohlen oft schwarz sind, sind schwarze Fohlen häufig mausgrau mit gestreiften Beinen. Daher könnte man irrtümlich glauben, sie hätten eine andere Farbe, doch die Streifen verblassen mit der Zeit, und das Fohlen wird zu einem echten Rappen. Schwarzes Fell kann in der Sonne aufhellen, was ebenfalls zur Verwirrung beitragen kann. Pferde, bei denen das nicht der Fall ist, werden als Glanzrappen oder Blaurappen bezeichnet. Es gibt auch Pferde, die aufgrund ihrer Rasse als schwarz klassifiziert werden, die jedoch eine schokoladenbraune Farbe haben. Das kann zu Kontroversen führen, weil die Farbwahrnehmung individuell verschieden ist. Jemandem, der ein Pferd nur flüchtig ansieht, mag das unwichtig erscheinen, doch für manchen Züchter oder

Links: *Die hübschen Konik-Ponys sind ein sehr gutes Beispiel für Graufalben mit den sogenannten primitiven Abzeichen, insbesondere dem schwarzen Aalstrich entlang der Wirbelsäule, der auf einen sehr langen Stammbaum hinweist.*

Pferdehalter ist die Farbbestimmung so wichtig, dass er die Farbe genetisch bestimmten lässt. Mit diesem Wissen lassen sich zukünftige Zuchtanstrengungen beeinflussen, für die Farbe oder bestimmte körperliche Merkmale wichtig sind.

Grau wie ein Kranich

Zu den meistdiskutierten Farben gehört „Grulla" oder „Grullo", auch Graufalbe oder Mausfalbe genannt. Die genaue Ausprägung der Farbe kann von Rasse zu Rasse variieren.

Diese Bezeichnungen werden meist für amerikanische Rassen verwendet. Man nimmt an, dass sie auf das spanische Wort für Kranich (*grulla*) zurückgehen, da dieser eine ähnliche rauchgraue und schwarze Färbung aufweist. Genau genommen bezeichnet Grullo ein männliches und Grulla ein weibliches Pferd, doch beide Wörter werden auch häufig ohne Bezug auf das Geschlecht verwendet. Europäische Rassen dieser Farbe werden meist als Mausfalben bezeichnet.

Mausfalben können von silbrigem Blau über Schokoladenbraun bis hin zu Schwarz variieren. Dennoch besitzen sie gemeinsame Merkmale, und hinsichtlich der Genetik handelt es sich um ein schwarzes Pferd mit mindestens einem dominanten Falb-Gen. Dieses hellt die schwarze Grundfarbe auf und verleiht dem Körper des Pferdes die typischen Merkmale eines Falben.

Ein Falbe kann einige davon oder alle aufweisen. Das wichtigste Merkmal ist der Aalstrich, der von den Ohren bis zum Schwanz entlang der Wirbelsäule verläuft. Während er unter Mähne und Schweif oft verborgen ist, lässt er sich bei einem Pferd mit helleren Langhaaren wie dem Norwegischen Fjordpferd gut erkennen. Alle Tiere dieser Rasse sind Falben, mit einer sehr charakteristischen blonden Mähne, in deren Mitte sich der schwarze Aalstrich deutlich hervorhebt. Die Farbintensität kann jedoch stark variieren. Traditionellerweise wird die Mähne des Norwegischen Fjordpferds so geschnitten, dass sie halbmondförmig aufrecht steht, um seine attraktive Farbgebung hervorzuheben. Falben haben oft zebraähnlich gestreifte Beine, sogenannte primitive Abzeichen. Das Fjordpferd weist diese Zeichnung häufig auf. Auch die in Schottland heimischen Highland-Ponys kommen in der ganzen Variationsbreite von Falbfarben vor, sie können aber auch Rappen, Schimmel und Braune sein. Falben gibt es in verschiedenen Farbvariationen. Ein Grullo oder Mausfalbe hat einen Aalstrich und ein rauchgraues, mausgraues oder schokoladen-

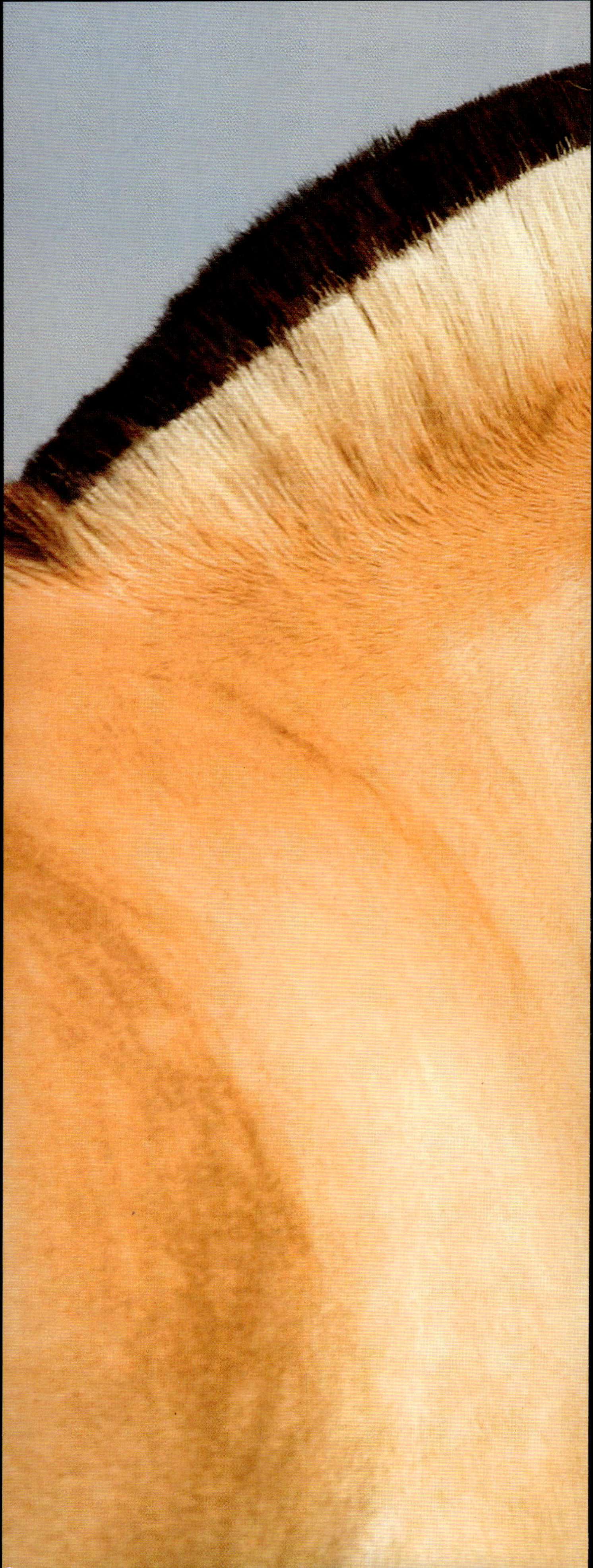

Rechts: *Der charakteristische Mähnenschnitt der Norwegischen Fjordpferde stellt den dunklen Aalstrich, der sich auffällig durch die helle Mähne zieht, deutlich heraus.*

Gegenüber: *Die kräftigen Herbstfarben des Islandpferdes erinnern an die wilde und geheimnisvolle Landschaft seines Heimatlandes.*

braunes Fell. Die Farbe ist eher selten, tritt jedoch bei mehreren Rassen auf, darunter beim Quarter Horse, Appaloosa, Highland-Pony, Islandpferd und Shetland-Pony. Rasse- und Farbregister sind sich uneins über die Definition der Farbe, aber schwarze Langhaare, Aalstrich und schwarze Füße werden allgemein akzeptiert.

Ein Falbe hat eine dunkel pigmentierte Haut, die ihn vor dem Sonnenlicht schützt, jedoch auch bei vielen Rassen nördlicher Herkunft vorkommt. Das Fell kann sich jahreszeitenbedingt verändern, sodass die dunkle Mähne in einem sonnenreichen Sommer fuchsfarben wird.

Das Islandpferd ist ein interessantes Beispiel für eine Rasse mit einer außergewöhnlichen Farbvielfalt. Seit über 800 Jahren wird auf seine Reinrassigkeit geachtet, und da keinerlei Kreuzungen vorgekommen sind, ist es seinem Typ sehr treu. Diese kleinen, zähen Pferde gehören zum typischen Landschaftsbild ihres Heimatlandes. Bis heute spielen sie im Leben der Menschen eine wichtige Rolle, da sie die einfachste Fortbewegungsart durch das Land bieten. Das Islandpferd, das sich durch seine Größe, seine Kraft und seine einzigartige Gangart auszeichnet – einem weichen Viertaktgang, der als Tölt bekannt ist –, gibt es in 100 Variationen von 40 Farben. Eine von mehreren Falbvarianten ist der Mausfalbe; dessen gedeckte Farbe mit dem dunklen Kopf und den dunklen Beinen wunderbar mit der dramatischen Landschaft Islands verschmilzt.

Das Palouse-Pferd

Eine der am auffälligsten gemusterten Rassen ist der Appaloosa. Die Pferde, die einst vom Indianerstamm Nez Percé in der Region Palouse im Nordwesten der heutigen USA gehalten wurden, zeichnen sich durch ihr buntes Fell, ihre Ausdauer und ihr Temperament aus. Im 19. Jahrhundert wurde die Rasse von der US-Regierung fast bis zur Ausrottung gejagt, um das Volk der Nez Percé zu unterwerfen. Dank einiger engagierter Züchter, die die wenigen übrig gebliebenen Pferde zusammensuchten, um die Rasse wieder auf ein solides Fundament zu stellen, existiert sie heute noch. 1938 wurde der *Appaloosa Horse Club* gegründet, und heute gibt es über 600 000 registrierte Pferde.

Neben ihrem gescheckten Fell zeichnen sich Appaloosas durch gestreifte Hufe und eine rosa-schwarz gefleckte Haut am ganzen Körper aus. Dies ist besonders am Maul und um die Augen sichtbar, lässt sich aber auch unter dem Fell erkennen, wenn es nass ist. Interessanterweise ist das Muster der Haut nicht mit dem des Fells identisch. Auch bleibt es unverändert, selbst wenn sich das Fell ändert.

Die üblichen Fellmuster zeigen sich beim Schabrackenschecken, Leopardenschecken,

“Das **Islandpferd**, das sich durch seine **Größe**, seine **Kraft** und seine **einzigartige Gangart** auszeichnet – einem weichen Viertaktgang, der als **Tölt** bekannt ist –, gibt es in 100 Variationen von **40 Farben**.”

Rechts: *Dieser Appaloosa zeigt Varnish-Abzeichen rund um seine schwarzen und braunen Flecken und Anzeichen eines Farbwechsels in Form von weißen Haaren auf dem ganzen Körper. Sein Fell kann sich im Laufe der Jahre aufhellen.*

Weißgeborenen und Schneeflockenschecken. Alle kommen in vielen Variationen vor. Ein Schabrackenschecke hat vorwiegend eine einheitliche Farbe, ist jedoch oberhalb der Hüften weiß mit Tupfen in der Grundfarbe. Die Schabrackzeichnung kann „aufroanen“, das heißt, das Weiß im Fell nimmt mit den Jahren zu und bedeckt dann oft den ganzen Körper.

Ein Leopardenschecke hat eine cremeweiße Grundfarbe und unterschiedlich viele Flecken in Schwarz, Braun oder Fuchsbraun, manchmal auch in allen drei Farben, auf dem ganzen Körper. Die Flecken können von einem schattenartigen Rand eingefasst sein. Diese sogenannte Varnish-Zeichnung ist meist recht beständig. Klar umrissene Punkte verblassen oft mit den Jahren, doch bei einem Appaloosa lässt sich hinsichtlich der Auswirkungen des Alters auf Fellfarbe und Abzeichen wenig vorhersagen.

Ein Weißgeborener hat einen hellen Körper mit sehr wenig Tupfen, während der Schneeflockenschecke dunkel mit weißen Tupfen ist. Ein Appaloosa kann auch eine einheitliche Farbe haben, die im Alter „ausroant“, also heller wird.

Die Langhaare der Appaloosas sind oft so dünn, dass der Schweif „Rattenschwanz“ genannt wird. Auch ist die Iris ihres Auges von einem Ring umgeben, der bei anderen Rassen zwar auch vorhanden, aber nicht sichtbar ist

Links: *Gescheckte Pferde sind auffällig – und gleichzeitig gut getarnt. Dieser Leopardenschecke verschmilzt ebenso gut mit den Bäumen im Hintergrund wie sein weißgrauer Begleiter mit dem Schnee.*

Eine weitere berühmte gescheckte Rasse ist der Knabstrupper, der seit dem 17. Jahrhundert in Dänemark gezüchtet wird. Diese eindrucksvollen Pferde mit spanischen Vorfahren waren dem Königshaus und dem Adel vorbehalten. Wie der Appaloosa weist der Knabstrupper unterschiedlich viele Flecken auf. Exemplare mit wenig Flecken – Weißgeborene – dienten als Zugpferde. Knabstrupper bewährten sich auch in der Reitakademie des dänischen Hofes in den frühen Tagen der klassischen Reitkunst, und ihre eindrucksvolle Erscheinung gab dem Können von Pferd und Reiter eine besondere Note. Leider hat die königliche Zuchtlinie im Laufe der Zeit ihre ursprüngliche Farbe verloren, möglicherweise aufgrund eines Gray-Gens.

Es gibt weitere gescheckte Rassen und Typen, zum Beispiel das Tiger Horse, eine Rasse, die erst seit 1992 gezüchtet wird. Die *Tiger Horse Association* in den USA strebt das Ideal des Soulon an, eines Pferdes aus dem China des 7. Jahrhunderts mit Leopardenflecken, hat aber auch die spanischen Vorfahren der im 16. Jahrhundert in die USA importierten gefleckten Pferde und noch ältere Wurzeln im Blick. Das Tiger Horse ist ein Gangpferd, das heißt, es beherrscht von Natur aus laterale Gangarten und den „Running Walk“; neben der Appaloosa-Färbung gehört das zu seinen typischen Merkmalen.

Gegenüber: *Diese ungewöhnliche Appaloosa-Zeichnung kann im Laufe mehrerer Jahren vollkommen „ausroanen", sodass das Pferd einheitlich cremefarben wird.*

Oben: *Das amerikanische Paint Horse ist bei Western-Wettbewerben als geschickter Allrounder äußerst beliebt. Es ist sportlich, lernt schnell und hat ein auffallendes Äußeres.*

Tupfen und Flecken

Das Pony of the Americas ist eine ganz neue Rasse, die ihren Ursprung in den Fünfzigerjahren hat. Ziel war es, ein Pony für Kinder, mit Appaloosa-Zeichnung und den kleineren Proportionen eines Shetland-Ponys zu züchten. In beiderlei Hinsicht war es für die Züchter wichtig, den genetischen Hintergrund zu verstehen, der nicht nur die Fellfarbe, sondern auch die Größe und die Gangart bestimmt, um die gewünschten Merkmale reproduzieren zu können.

“Das **Pony of the Americas** … ist ein Pony für Kinder, mit **Appaloosa-Zeichnung** und den kleineren **Proportionen** eines **Shetland-Ponys**.”

Gegenüber: *Das Abzeichen auf dem Kopf dieses Pferdes nennt man Laterne. Es handelt sich um eine sehr breite Blesse, die den Nasenrücken, fast die ganze Stirn und die Nüstern bedeckt.*

Pferde mit Farbflecken auf weißem Fell oder weißen Flecken auf farbigem Fell sind uns vertrauter als getupfte Pferde. Es gibt sie in allen Formen und Größen. Varianten existieren nicht nur hinsichtlich der Pferde, sondern auch ihrer Bezeichnungen. Während man gemeinhin alle gefleckten Pferde als Schecken bezeichnet, unterscheiden die Engländer außerdem zwischen „Piebald“ und „Skewbald“; in den USA sind die Bezeichnungen „Pinto“ und „Paint“ üblich.

Das alte englische Wort *pie* bezeichnet ein geschecktes Muster mit mehr als einer Farbe, meist Schwarz und Weiß. Das veraltete *bald* bedeutet „weiß“. *Pinto* ist spanisch und heißt „gemalt“ – da die Flecken wie aufgemalt wirken. *Paint* ist das amerikanische Pendant dazu.

Während Piebald schwarz-weiß gescheckte Pferde beschreibt, kann es sich bei Skewbald um jede beliebige Farbe – außer Schwarz – mit weißen Flecken handeln, oder Weiß mit farbigen Flecken. Die Skewbald-Färbung bezeichnet also Schimmelschecken, Fuchsschecken, Braunschecken oder Isabellschecken. Diese Schecken können auch schwarze Abzeichen haben, die jedoch im Verhältnis zur Hauptfarbe des Fells meist unbedeutend sind.

Während Pinto und Paint im Amerikanischen sowohl Piebald- als auch Skewbald-Tiere bezeichnet, wird das in Verbindung mit bestimmten Rassen oder Farbregistern ganz anders gesehen. Die *Pinto Horse Association of America* ist ein Farbregister, das viele Rassen aufnimmt, sofern sie gewisse Bestimmungen erfüllen. Das amerikanische Paint Horse ist hingegen eine eigene Rasse. Seine Farbe entstammt bestimmten Zuchtlinien, seine Merkmale wurden aus dem athletischen, intelligenten Quarter Horse entwickelt.

Auch die Bezeichnungen „Tobiano“ und „Overo“ sind gebräuchlich. Diese beiden Fellmuster treten bei Pferden und Ponys unterschiedlicher Größen, Rassen und Typen auf. Ein Tobiano ist ein weißes Pferd mit großen, unregelmäßigen, aber klar umrissenen, einfarbigen Flecken auf dem ganzen Körper. Die Beine unterhalb des Knies meist sind weiß, das Gesicht ist einfarbig, und der Schweif kann zweifarbig sein. Ein Overo hat eine einheitliche Farbe mit weißen Flecken an den Körperseiten, aber nur sehr selten auf dem Rücken. Die weiße Zeichnung tritt oft als Spritzer oder ausgefranster Fleck auf. Der Overo hat einen einfarbigen Schweif und deutliche Abzeichen am Kopf. Beginnt die Zeichnung zwischen den Augen und erstreckt sich bis zum Maul, spricht man von einer Blesse, ist der gesamte Bereich vorwiegend weiß, nennt man dies Laterne.

“Die **Skewbald-Färbung** bezeichnet … Schimmelschecken, Fuchsschecken, Braunschecken oder Isabellschecken.”

Links: *Der Tinker mit seinem untersetzten Körperbau und der auffälligen Zeichnung strahlt Kraft und Charakter aus. Das attraktive Pferd eignet sich als Reit- und Zugpferd.*

Außer den häufig vorkommenden Abzeichen am Kopf eines Pferdes, der Blesse und der Laterne, gibt es weitere, die seltener sind. Vom „Medicine Hat" (Doktorhut) spricht man bei einem Pferd, dessen Kopf weiß ist, während die Ohren und ihre Umgebung dunkel sind. Früher war diese Zeichnung so selten, dass man solchen Pferden magische Kräfte zuschrieb und sie oft Schamanen oder Medizinmännern gehörten. Die amerikanischen Ureinwohner der Great Plains glaubten, dass diese Pferde, deren Abzeichen auch „Kriegshaube" hieß, ihre Reiter im Kampf schützten und vor Gefahren warnten. Von einem Pferd mit Medicine-Hat-Zeichnung und blauen Augen glaubte man auch, es könnte die Grenzen zwischen irdischen und himmlischen Gefilden überschreiten.

Schecken werden seit alters her mit dem fahrenden Volk assoziiert, deren Liebe zu kräftigen Farben auch die Wahl ihrer Pferde beeinflusste. Zu den auffälligsten der vielen gescheckten Pferderassen gehört der bei Sinti und Roma beliebte Tinker oder Gipsy Vanner. Dieses kleine Zug- und Arbeitspferd wurde als Wagenpferd gezüchtet, ein kräftiges, gelehriges und zugleich gutmütiges Pferd, das sich für ein Leben auf der Straße und zum Vorführen der berühmten Zigeunerkunststücke eignete. Heute hat sich der Tinker als Rasse etabliert, die sich durch körperliche Merkmale und Zuchtlinien auszeichnet und nicht nur durch eine

Rechts: *Dieses Pferd könnte ein Rosenschimmel oder ein brauner Farbwechsler sein, da es eine kräftige Fuchs- oder Braunfarbe hat. Doch ist es eindeutig ein Schimmel und wird mit den Jahren aufhellen.*

Farbe. Die beliebtesten Farben sind Rappschecken, Braun- bzw. Fuchsschecken und eine Variation namens „Blagdon", ein besonderes Merkmal dieser Rasse. Der Bauch hat weiße oder stichelhaarige Flecken, das Gesicht eine Laterne.

All die Farbbezeichnungen versuchen, das Fell eines Pferdes möglichst korrekt zu beschreiben, und bringen bisweilen sogar poetische Wortschöpfungen hervor – man denke etwa an die Bezeichnung Schneeflockenschecke oder die Farben Blau, Rose und Rot für das Fell des Schimmels. Aber selbst die Farbe eines Fuchses variiert von Pferd zu Pferd und von Jahreszeit zu Jahreszeit.

Häufig vorkommende Abzeichen gibt es bei vielen Rassen und Typen. Zu den beliebtesten gehört ein weißer Stern auf der Stirn. Er kann groß oder klein sein, solange er sich zentriert auf dem Wirbel der Fellhaare in der Mitte des Gesichts befindet. Einen kleinen weißen Fleck auf der Stirn, der in einem Streifen ausläuft, nennt man Schnurblesse. Eine Schnippe ist ein kurze weiße Linie auf dem Maul, die oft gemeinsam mit leicht rosa gefärbter Haut auftritt. Diese Abzeichen gibt es in vielen Kombinationen. Sie haben keine besondere Bedeutung – außer, dass sie ein Gesicht besonderes attraktiv machen.

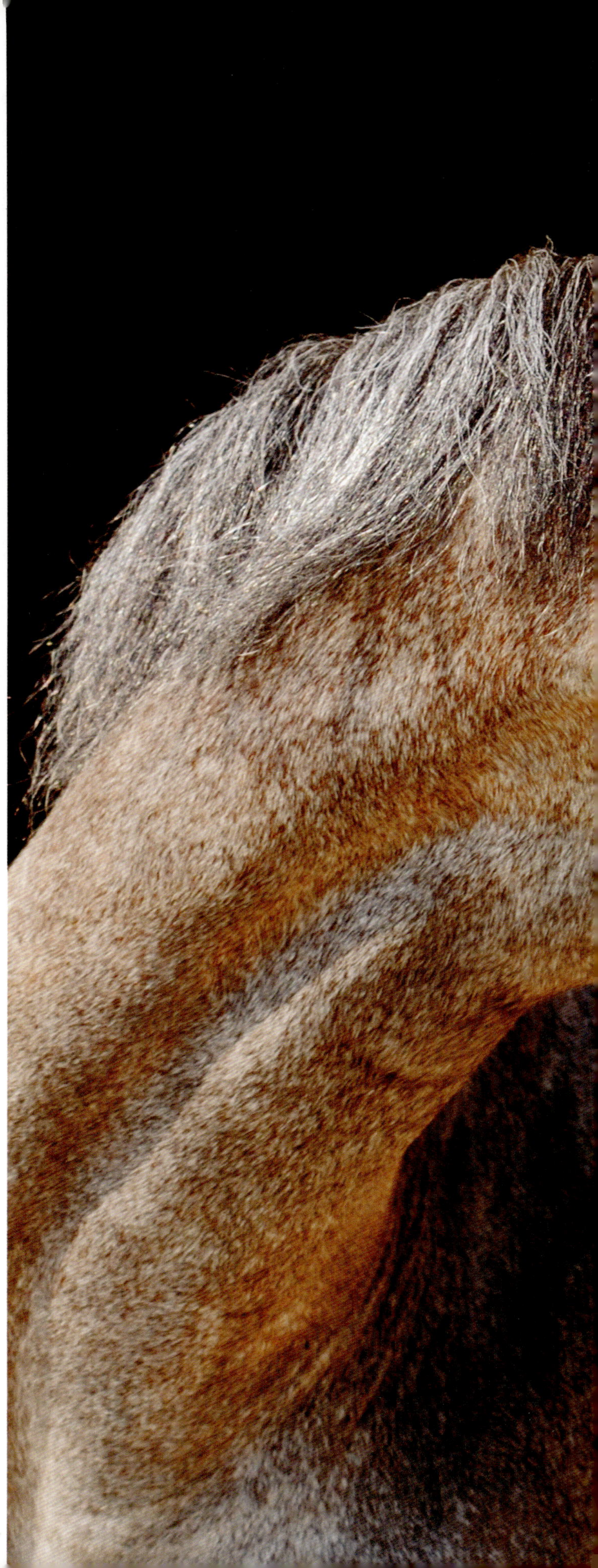

Links: *Das Rocky-Mountain-Pferd fällt durch seine ungewöhnlichen Farben auf. Schokoladenbraunes Fell und flachsfarbene Langhaare sind das Markenzeichen der Rasse.*

Glaubensvorstellungen, die Farben oder Abzeichen eines Pferdes mit seinem Temperament oder seinen Fähigkeiten in Verbindung bringen, sind auch heute noch verbreitet. Die lange Tradition, weiße oder gestreifte Hufe für schwach zu halten, kann vor moderner Wissenschaft nicht bestehen. Sie hat bewiesen, dass sie sich von dunklen Hufen nicht unterscheiden. Ebenso wird manchen Pferden mit unpigmentierten oder blauen Augen nachgesagt, sie seien unzuverlässig oder launisch, wenngleich die amerikanischen Ureinwohner und fahrende Völker diese Pferde besonders schätzten.

Während die meisten Pferde braune Augen haben, sind blaue Augen nicht ungewöhnlich, insbesondere bei Weißisabell und anderen hellen Farben. Pferde mit gemustertem Fell wie Schecken oder Appaloosas können auch blaue oder teils blaue, teils braune Augen haben. Pferde mit hellen Augen reagieren zwar empfindlicher auf starkes Sonnenlicht, doch eine blaue Iris ist ebenso gesund wie eine braune – mit dem Temperament hat dies absolut nichts zu tun.

Es gibt viele weitere ungewöhnliche und auffällige Farben, die nur selten oder nur bei bestimmten Rassen auftreten. Silver Dapple etwa wird vor allem mit dem Rocky-Mountain-Pferd in Verbindung gebracht. Es ist von tiefem Schokoladenbraun oder Gold mit silbrig glänzenden Langhaaren.

Aufgrund seines metallischen Schimmers wird der Achal-Tekkiner, eine Rasse, die ursprünglich aus Turkmenistan stammt, „goldenes Pferd" genannt, auch wenn er in vielen verschiedenen Farben vorkommt.

Die komplexe Genetik, die all den Farben und Mustern zugrunde liegt, scheint oft verwirrend, zumal sich auch Experten nicht immer einig sind. Die Gentests zur Farbbestimmung werden kontinuierlich verbessert und verfeinert. Vielen Pferdefreunden mag das Züchten einer bestimmten Farbe manipulativ vorkommen, doch oft hat das vorsichtige Eingreifen von Zuchtprogrammen Rassen erhalten, die andernfalls ausgestorben wären. Die natürlichen Farben der Pferde und ihre Abzeichen offenbaren eine weit zurückliegende Zeit und das Leben auf der Erde, wie es Höhlenmalereien aus der Vorgeschichte überliefern. Die heutigen Pferde, gleich welcher Rasse oder Farbe, haben Wurzeln, die auf faszinierende Weise bis in eine weit entfernte Vergangenheit reichen.

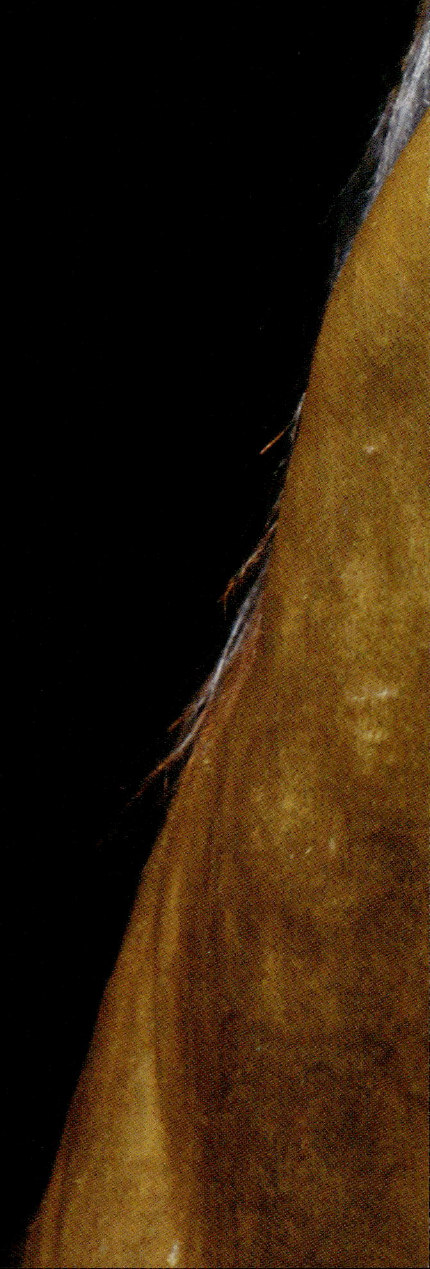

Rechts: *Der Achal-Tekkiner genießt hohes Ansehen. Das verdankt er nicht nur seiner graziösen Erscheinung und dem elegant schimmernden Fell, sondern auch seiner Intelligenz und einem freundlichen Wesen.*

Jungpferde

Wachstum und Entwicklung

“Als sich die Sonne am Horizont senkt, kommt Bewegung in die dösende Herde. Einige Pferde lösen sich aus der dicht zusammenstehenden Gruppe, um zu grasen. Plötzlich preschen zwei hochbeinige Halbwüchsige davon und jagen in weiten Kreisen um die Gruppe. Sie steigen, boxen und kneifen sich spielerisch, dann lassen sie voneinander ab. Sie schnauben und buckeln, stieben mit wehendem Schweif und hoch erhobenem Kopf davon. Die älteren Pferde beachten sie nicht, doch die Fohlen tänzeln aufgeregt neben ihren Müttern. Nicht kühn genug, um sich weit weg zu wagen, springen sie im goldenen Licht der sinkenden Sonne umher, dann jagen sie zurück und trinken.”

Fohlen gehören mit ihren schlaksigen Beinen und ihren weichen Tasthaaren zu den hübschesten Jungtieren überhaupt. Oft sieht man, wie sie zwischen den Beinen ihrer Mutter hindurchschauen oder sich kühn entfernen und die Gegend erkunden, um dann im Galopp in den Schutz der Stute zurückzukehren. Erst mit etwa fünf Jahren ist ein Pferd ausgewachsen und bis dahin durchläuft es einen langen Prozess der Reife. Ein wildes Fohlen wächst ganz anders heran als ein Hausfohlen, doch beide werden in ihrem Selbstbewusstsein und ihrem Verhalten durch den Umgang mit anderen Pferden, mit Menschen und mit ihrer Umwelt für den Rest ihres Lebens geprägt.

Eine Stute ist elf Monate lang trächtig. Aufgrund des Fortpflanzungszyklus‘ der Pferde werden Fohlen meist im Frühjahr oder Frühsommer geboren. In der Wildnis geschieht dies von Natur aus, doch entspricht es auch oft der Planung der Züchter. Dann findet die Stute das beste Gras für ihre Milch, und das Fohlen kann die Weide und das warme Sommerwetter genießen, um Kraft aufzubauen. Manchmal gebären Pferde Zwillinge, doch selten überleben beide, da eine Stute keine zwei Fohlen vollständig ausreifen lassen kann.

Als Beutetiere müssen Pferde immer fluchtbereit sein. Daher ist der erste Instinkt der Stute, ihr Fohlen gleich nach der Geburt auf die Beine zu bringen. Sie leckt es sauber und regt so seinen Blutkreislauf an, beschnüffelt und stupst es, bis es die ersten Versuche unternimmt aufzustehen. Es fällt mehrmals hin und setzt neu an, doch die langen Beine, die zunächst hinderlich scheinen, erweisen sich schon bald als gute Stütze. Ein

Gegenüber: *Ein Fohlen ist schon wenige Stunden nach der Geburt kräftig genug, neben seiner Mutter herzulaufen. In der Wildnis ist das lebenswichtig, um die Überlebenschancen zu erhöhen.*

gesundes Fohlen ist sehr schnell nach der Geburt auf den Beinen und etwa nach einer Stunde in der Lage, bei Gefahr zu fliehen.

Als Allererstes braucht das Fohlen Muttermilch, die seine Körperfunktionen stärkt und stabilisiert. In den Stunden vor und nach der Geburt produziert die Stute, genau wie die menschliche Mutter, besonders nährstoffreiche Milch, Kolostrum genannt. Diese Milch ist gut verdaulich und reich an Antikörpern, die das Fohlen zum Überleben benötigt, bis sein eigenes Immunsystem es schützt. Für das Fohlen ist diese Milch überlebenswichtig. Ohne sie ist es in den ersten Lebenswochen sehr viel anfälliger. Für ein Fohlen, dessen Mutter es nicht säugen kann, ist ein Kolostrumersatz erhältlich, doch er reicht nicht an die erste von der Mutter produzierte Milch heran.

Wenn das Fohlen aufsteht und erstmals trinkt, erfolgt das Bonding zwischen Mutter und Kind. Von nun an folgt es ihr, erkennt ihren Duft und vertraut ihr in einer Weise, die in den ersten Monaten lebenswichtig ist. Auch die Mutter erkennt ihr Fohlen unter allen Fohlen der Herde und entwickelt Schutzgefühle. Eine Stute kann sehr aggressiv gegenüber allen Eindringlingen werden, die sich ihrem Fohlen nähern, und greift Räuber ohne Zögern an. In einer Wildherde verteidigen Stuten auch die Fohlen anderer Mütter. Eine Stute, deren Fohlen stirbt, trauert, und manchmal versucht sie, einer anderen Stute ihr Fohlen wegzunehmen. Ihr Mutterinstinkt ist so stark, dass sie ihrem Fohlen zuliebe selbst die größten Gefahren überwindet.

Züchter mit verwaisten Stuten können sich an Organisationen wenden, die verwaiste Fohlen und Stuten zusammenbringen. Doch eine erfolgreiche Adoption ist ein schwieriger Prozess, da die Stute das Fohlen als eigenes akzeptieren muss. Um das zu erreichen, sorgt man dafür, dass ihr Duft und der ihres eigenen Fohlens den Duft des Waisen überdecken, bis die Stute es angenommen hat. Man sollte die beiden erst nach einigen Tagen miteinander allein lassen, da eine verstörte Stute ein Ersatzfohlen angreifen und sogar töten kann. Doch hat sie den Neuling einmal akzeptiert, wird sie ihn unter Einsatz ihres Lebens beschützen.

Eine Stute kann so starke Schutzinstinkte entwickeln, dass sie ihre gewohnten Bezugspersonen nicht an das Fohlen herankommen lässt. Diese Angst nimmt meist mit der Zeit ab. Manche Pferdehalter versuchen, sich schon in den ersten Lebenstagen um das Fohlen zu kümmern, damit die Stute sich daran gewöhnt. Das erleichtert den Umgang mit dem Fohlen, wenn es größer und kräftiger ist, und dem Tierarzt seine Arbeit, sollten gesundheitliche Probleme auftreten. Das Fohlen kann bewusst geprägt werden, indem auch Menschen während der ersten Wochen regelmäßig

Rechts: *Exmoor-Ponys bewegen sich frei in halbwilden Herden. Ihre Fohlen werden im offenen Moor geboren und kommen erst dann mit Menschen in Kontakt, wenn sie nach der Entwöhnung zusammengetrieben werden.*

anwesend sind und das Fohlen am ganzen Körper, insbesondere im Bereich von Kopf, Bauch und Beinen berühren.

Man geht davon aus, dass sich solch ein Fohlen später bereitwilliger halftern, striegeln und in anderer Weise pflegen lässt. Doch dieses Vorgehen ist umstritten, da es ein Eindringen in die Kennenlernphase zwischen Stute und Fohlen bedeutet.

Der Stute und dem Fohlen ein Bonding ohne Einmischung zu erlauben und das Fohlen dann entspannt an den Umgang mit Menschen zu gewöhnen, ist eine alternative Strategie, welche die dazu nötige Geduld allemal wert ist. Wie bei den meisten Methoden erfordert ein ruhiges, unaufdringliches Vorgehen etwas mehr Zeit, aber es zeigt in der Regel gute Ergebnisse.

Bei Hauspferden werden Stute und Fohlen oft von anderen Pferden isoliert, entweder auf einer separaten Koppel oder in einer Fohlenbox im Stall. In den Stunden vor der Geburt braucht die Stute Platz, da sie umherläuft und sich viele Male hinlegt und wieder aufsteht. Die Geburt kann im Stehen oder Liegen stattfinden, und mit größter Wahrscheinlichkeit nachts. Ist das Fohlen geboren, lässt man die beiden am besten eine Zeit lang allein. Sie sollten auch vor der Aufmerksamkeit anderer Pferde geschützt sein, die überaus neugierig sein können. Doch je früher die beiden in die Gesellschaft ihrer Herde zurückkehren, desto besser.

Links: *Dieses Fohlen lernt beständig etwas Neues über die Welt, während es die Körpersprache seiner Mutter beobachtet und ihrer Führung folgt.*

Die ersten Tage

Der Vorteil einer Geburt im Freien ist, dass die Infektionsgefahr auf einer sauberen Koppel gering ist. Der Stall hingegen bietet Schutz vor den Elementen und erleichtert es den Menschen, ein Auge auf Pferd und Fohlen zu haben, entweder durch regelmäßige Stippvisiten oder eine Stallkamera. Die meisten Stuten fohlen ohne Komplikationen, doch sollte ein Tierarzt benötigt werden, kann die Tatsache, dass sich das Pferd unter einem gut beleuchteten Dach befindet, Leben retten. Manche Stuten sind bei ihrer ersten Geburt ängstlich und lehnen ihr Fohlen ab. Ein sensibler Helfer kann sie beruhigen und die beiden darin unterstützen, sich aneinander zu gewöhnen. Stuten können aber auch die Geburt hinauszögern, bis ihre menschlichen Zuschauer glauben, dass wohl nichts mehr passieren wird, und zu Bett gehen. Am besten wacht man aus diskreter Distanz. Dann drängt man sich nicht auf, kann aber jederzeit helfen oder gegebenenfalls den Tierarzt rufen.

Der Instinkt, allein und im Dunkeln zu fohlen, ist sehr stark. In der Wildnis entfernt sich die Stute zum Fohlen von der Herde. Das macht sie natürlich während und unmittelbar nach der Geburt anfällig für Räuber. Daher wird sie sich so schnell wie möglich wieder ihrer Herde anschließen.

„Das **Fohlen** muss seinen **Platz in der Herde** und sein Verhältnis zu den älteren Pferden kennen, sich gut benehmen und Respekt zeigen. Diese **Lektionen** erlernt es in der **Beziehung** zu seiner **Mutter**."

Gegenüber: *Bei gescheckten Pferden wird das Muster der Zeichnungen nicht in gleicher Weise weitervererbt. Dieses Fohlen sieht seiner Mutter jedoch bemerkenswert ähnlich, bis hin zu den auffälligen blauen Augen.*

Wie ein Baby ist auch ein Fohlen zunächst vorwiegend mit Trinken und Schlafen beschäftigt. Es trinkt mehrmals pro Stunde und nimmt täglich 450 bis 1800 Gramm zu. Während das Fohlen trinkt, krault ihm die Mutter oft mit den Zähnen den hinteren Rücken, was das Kleine sichtbar beruhigt und ermutigt. Auch später im Leben lassen sich viele Pferde dadurch besänftigen, dass man sanft diese Stelle krault.

Wenn das Fohlen nicht trinkt, schläft es. Schon in den ersten zwei Tagen beginnt es zu spielen. Je kräftiger es wird, desto mehr Zeit verbringt es damit. Es springt um seine Mutter herum oder veranstaltet Wettrennen mit anderen Fohlen. Oft galoppiert das Fohlen im Kreis um seine Mutter herum und praktiziert dabei mühelos fliegende Wechsel – eine fortgeschrittene Übung im Dressurreiten. Es buckelt, steigt und springt übermütig mit allen vier Hufen gleichzeitig in die Luft – wie ein Frühlingslamm.

Ist es schon etwas älter, kann es Widerwillen zeigen, wenn es grast und seine Mutter weiterziehen will. Dann kann es vor ihr buckeln, um sie aufzuhalten. Stuten sind zwar sehr geduldig, doch sie sorgen auch streng für Disziplin, meist mit einem energischen Schwung des Kopfes. Ist ein Fohlen gar zu eigensinnig, wird es auch mal durch ein Kneifen zur Ordnung gerufen. Diese frühen Erlebnisse sind Lektionen fürs Leben. Das Fohlen muss seinen Platz in der Herde und sein Verhältnis zu den älteren Pferden kennen, sich gut benehmen und Respekt zeigen. Diese Lektionen erlernt es in der Beziehung zu seiner Mutter.

Erwachsenwerden

Schon nach wenigen Wochen beginnt das Fohlen, Gras zu knabbern. Mit etwa vier Monaten benötigt es mehr Nährstoffe, als die Muttermilch liefern kann. Zu diesem Zeitpunkt hat es gelernt zu grasen und weidet von nun an viele Stunden lang auf der Koppel. Ist das Gras karg, kann eine Zufütterung das Wachstum und die Entwicklung des Jungtiers unterstützen. Überfütterung kann jedoch Probleme verursachen. Daher muss ein an die Rasse und die Qualität der Weide angepasstes Fütterungsprogramm ausgearbeitet werden. Übergewicht ist für ein Fohlen genauso ungesund wie für ein Kind; die natürlichen Wachstumsphasen müssen unterstützt, nicht aber beschleunigt werden. Ein Pferd aufzuziehen, ist keine geringe Verantwortung und nichts für Neulinge.

Ein altes Sprichwort sagt, dass man einem geschenkten Gaul nicht ins Maul schaut. Das geht darauf zurück, dass sich das Alter eines Pferdes anhand seiner Zähne bestimmen lässt. Das Fohlen bekommt kurz nach der Geburt Milchzähne. Im Alter von etwa fünf Jahren hat es ein vollständiges Gebiss mit 36–44 Zähnen. Zahnen kann unange-

Rechts: *Die Stute beschützt und verteidigt ihr Fohlen, lehrt es Respekt und gibt ihm das Selbstvertrauen, das es benötigt, um seine Umgebung zu erkunden.*

nehm sein, deshalb kaut es gern auf Holz oder Steinen und nimmt Wasser ins Maul, um die Beschwerden zu lindern.

Aus Neugier wird das Fohlen seine neuen Zähne an verschiedenen Gräsern, Büschen und Bäumen ausprobieren. Fohlen erkunden ihre Umgebung mit dem Maul wie Babys mit dem Mund und kauen auf allem herum. Eine entflogene Plastiktüte kann eine Katastrophe verursachen, während Hüte, Jacken oder andere herumliegende Sachen mit Gebissspuren davonkommen. Fohlen ertasten unbekannte Dinge auch mit ihren Vorderfüßen und wandern furchtlos davon, bis ihre Mutter sie zurückruft. Die Wachsamkeit der Stuten lehrt ihre Fohlen Vorsicht, und die Fohlen lernen auch aus dem Verhalten der Herde. Zunächst mag es seltsam erscheinen, dass sie lernen müssen, vorsichtiger zu sein, doch gesundes Misstrauen allem Unbekannten gegenüber ist lebenswichtig; Erfahrung muss die natürliche Neugier mäßigen.

In den ersten drei bis vier Lebensmonaten hat das Fohlen ein weiches Babyfell und gelockte Tasthaare, mit denen es die Welt erfühlt. Dann wirft es beides ab und zeigt die Fellfarbe, die es als ausgewachsenes Pferd haben wird. Je nach Farbe kann sich diese mit den Jahren stark verändern. Ein Fuchs oder Brauner bleibt weitgehend gleich. Ein Schimmel ändert seine Farbe hingegen sein ganzes Leben lang.

“In den ersten drei bis vier Lebensmonaten hat das **Fohlen** ein **weiches Babyfell** und gelockte Tasthaare, mit denen es die Welt erfühlt. Dann wirft es beides ab und zeigt die **Fellfarbe**, die es noch **als ausgewachsenes Pferd** haben wird.”

Gegenüber: *Die Farbe der Stute ist ein Indikator dafür, dass dieses rotbraune Fohlen mit hoher Wahrscheinlichkeit ausschimmeln wird, vielleicht schon, wenn es sein Babyfell verliert, möglicherweise aber erst allmählich über mehrere Jahre hinweg.*

Der Lippizaner ist ein gutes Beispiel für eine Rasse, bei der zwischen dem Fohlen und dem ausgewachsenen Pferd ein extremer Farbunterschied besteht. Tiefschwarze oder braune Fohlen sind ebenso typisch wie die ausgewachsenen Schimmel. Auch Appaloosas können sich vollkommen verändern, abhängig vom Fellmuster bei ihrer Geburt. Diese Veränderung kann in den ersten Lebensmonaten beginnen und sich das ganze Leben lang fortsetzen.

Alle Fohlen haben weiche Babytasthaare, die später durch drahtige lange ersetzt werden. Manche Pferdehalter schneiden die Tasthaare für Pferdeschauen ab. In Deutschland ist das verboten, da ein Pferd sie für seine Orientierung benötigt.

Mit zunehmendem Alter wird das Fohlen kühner und beschäftigt sich immer mehr mit anderen Pferden. Die meisten Pferde sind sehr tolerant gegenüber Fohlen, bis diese etwa zwei Jahre alt sind. Dann wird von ihnen erwartet, dass sie sich in die Herde einordnen, Grenzen akzeptieren und gute Manieren zeigen. Fohlen gegenüber werden ältere Pferde selten grob; Drohgebärden wie angelegte Ohren oder ein Schütteln des Kopfes reichen aus, um es zu verwarnen. Wenn ein Fohlen sich bedroht oder verunsichert fühlt, streckt es sein Maul mit einer Kaubewegung, dem Senkrechtkauen, zum älteren Pferd hin, eine beschwichtigende Geste, die Verletzlichkeit signalisiert; manche Pferde setzen sie auch noch als Erwachsene in Stresssituationen ein.

Im Lauf der Zeit wagt sich das Fohlen weiter von seiner Mutter weg. Doch eilt es zu ihr zurück, wenn es sich fürchtet. Wenn die Mutter galoppiert, hält das Fohlen mit ihr Schritt. Dabei bleibt es oft dicht neben ihrer Schulter, wo es sich sicher fühlt. Dieses Verhalten zeigen junge Pferde auch noch zu Beginn ihrer Ausbildung, und manche Trainer halten es für einen Versuch, den Trainer zu dominieren. Doch viel eher drückt es wohl ihr Bedürfnisses nach Sicherheit aus. Wenn der Trainer das junge Pferd ermutigt, Distanz zu halten – und sich damit Gefahr auszusetzen –, gewöhnt er das Fohlen auch an größere Unabhängigkeit.

Je mehr Gras, Heu oder Zusatznahrung das Fohlen frisst, desto weniger Milch trinkt es, bis es seine Mutter für seine Ernährung nicht mehr benötigt. Traditionell werden Fohlen mit sechs Monaten abgesetzt, oft eine traumatische Erfahrung für Stute und Fohlen. In der Wildnis nimmt das Interesse des Fohlens am Saugen über ein Jahr hinweg oder sogar länger allmählich ab – und die Mutter beginnt, es zurückzuweisen. Ist die Stute erneut trächtig, versucht sie wahrscheinlich, die Verbindung zu dem älteren Fohlen aktiv zu trennen. Manche Stuten werden mit fortschreitender Schwangerschaft sehr aggressiv. Andere dulden das ältere Fohlen auch nach der Geburt des neuen

“In der **Wildnis** nimmt das Interesse des **Fohlens** am **Saugen** über ein Jahr hinweg oder sogar länger **allmählich** ab … und allmählich wird die Abhängigkeit geringer.”

Gegenüber: *Fohlen entwickeln Selbstvertrauen und Geschicklichkeit, indem sie miteinander durch das Gelände galoppieren, spielerisch kämpfen und einander jagen. Doch sobald ihnen etwas Unerwartetes begegnet, kehren sie eilends zu ihrer Mutter zurück.*

Fohlens noch in ihrer Nähe, und allmählich wird die Abhängigkeit geringer. Heute nehmen Pferdehalter mehr Rücksicht auf diesen natürlichen Prozess. Mutter und Kind werden erst nur einige Minuten voneinander getrennt, dann mehrere Stunden, in denen die Stute zum Beispiel wieder als Reitpferd dient. Und so lange das Fohlen nicht allein ist, braucht es seine Mutter immer weniger.

Ältere Stuten und sogar Wallache können als „Kindermädchen" eine große Hilfe darstellen. Ein älteres Pferd schenkt dem Fohlen, das sich von seiner Mutter löst, ein Gefühl von Geborgenheit. Eine Herde, deren Mitglieder sich gut kennen, nimmt ihre Fohlen in ihre Mitte auf, und so finden Babysitting und Entwöhnung auf ganz natürliche Weise statt.

Hengstfohlen und Stutfohlen

Ein junges Pferd oder Pony wird bis zur Vollendung seines ersten Lebensjahrs als Fohlen bezeichnet, anschließend als Jährling. Das frisch entwöhnte Fohlen nennt man auch Absatzfohlen. Ein weibliches Fohlen ist ein Stutfohlen, ein männliches ein Hengstfohlen oder Colt. Die je nach Rasse mit drei oder vier Jahren ausgereiften Pferde werden als Stute und Hengst bezeichnet. Manche Begriffe haben in verschiedenen Teilen der Welt unterschiedliche Bedeutung. Während man in den USA Jungpferde beiderlei Geschlechts, die mit der Ausbildung beginnen, Colt nennt, bezeichnet dasselbe Wort bei Züchtern des Englischen Vollbluts einen Junghengst im Alter von vier bis fünf Jahren.

Verhaltensunterschiede zwischen Hengst- und Stutfohlen zeigen sich bereits im ersten Lebensjahr. Typischerweise kämpfen die männlichen Fohlen spielerisch miteinander, schlagen mit den Vorderbeinen und beißen ihre Konkurrenten in den Hals – frühe Anzeichen des Verhaltens von Hengsten. Sie sind auch meist in ihrem allgemeinem Verhalten kühner. Stutfohlen schlagen eher nach hinten aus und kämpfen weniger. Sie wirken oft bedächtiger und lernen schneller. Der eigene Charakter der Pferde entwickelt sich jedoch gleichzeitig, denn das individuelle Temperament ist stärker als allgemeine Verhaltensmuster. Nicht selten begegnet man daher auch einem bedächtigen Hengstfohlen und einer mutigen Stute.

Eine Stute ist bereits mit zwei Jahren geschlechtsreif, doch ist man der Ansicht, dass eine Trächtigkeit ihre noch nicht ausgewachsene Wirbelsäule zu stark belastet. Wildpferde pflanzen sich fort, sobald Instinkt oder Gelegenheit sie dazu bringen, was aber auch erst viel später eintreten kann, je nach Anzahl und Verfügbarkeit von Geschlechtspartnern. Sobald Junghengste geschlechtsreif werden, vertreibt der Leithengst sie an den Rand der Herde oder in eine „Junggesellengruppe". Die Junggesellen

Gegenüber: *Mit zunehmendem Alter werden die Kämpfe der jungen Hengste immer ungestümer – eine Vorbereitung auf die Zeit, in der sie einander als ernsthafte Rivalen gegenüberstehen werden.*

ziehen gemeinsam umher, bis sie schließlich eine eigene Herde gründen.

Wenn klar ist, welches Tier Leithengst sein wird, gründet dieser mit den ersten verfügbaren Stuten, denen die Gruppe begegnet, eine eigene Herde. Andernfalls finden Kämpfe statt, die sehr wild sind.

Ein Hauspferd-Hengstfohlen wird oft kastriert, bevor der Sexualtrieb sein Verhalten prägt. Ein kastrierter Hengst, Wallach genannt, ist leichter zu halten und zeugt keine ungewollten Fohlen. Da ein Pferd gut über zwanzig Jahre alt wird und sein ganzes Leben lang Futter, Bewegung und eine Unterkunft benötigt, muss die Pferdezucht mit Verantwortung erfolgen. Eigenschaften, Gebäude und Temperament eines Hengstes müssen attraktiven Nachwuchs hervorbringen, für den sich leicht ein Zuhause finden lässt. Sein Halter sollte wissen, welche Herausforderung es ist, außer mit einem Hengst auch mit mindestens ebenso temperamentvollen rossigen Stuten umzugehen. Hauspferdhengste leben oft isoliert, damit keine ungewollten Fohlen und Kämpfe mit anderen Pferden entstehen und um nicht Gefahr zu laufen, dass der Hengst einer Stute nachjagt, die ausgeritten wird.

Die uneingeschränkte Fortpflanzung mag zwar natürlicher erscheinen, in der Wildnis sterben jedoch viele Jungpferde oder führen ein hartes Leben am Rande der Herde. Damit das bei Hauspferden nicht geschieht, werden Hengstfohlen kastriert, um ihnen ein glückliches Leben in einer Herde zusammen mit anderen Stuten und Wallachen zu ermöglichen.

Während sich das junge Pferd zu einem vollwertigen Mitglied der Herde entwickelt, verändert sich sein Platz innerhalb der sozialen Ordnung. Verhaltensweisen, die bei einem Fohlen oder Jährling toleriert werden, sind bei einem Zwei- oder Dreijährigen nicht mehr akzeptabel. Pferde warnen einander, wenn eine Grenze überschritten wurde. Hat sich ein Fohlen aus der Sicht der anderen Herdenmitglieder zu einem jungen Pferd entwickelt, erfährt es schnell und deutlich, wenn es Älteren nicht den gebotenen Respekt erwiesen hat, meist durch einen Tritt oder Biss. Die Größe spielt dabei keine Rolle: Ein kleines Pony kann auch ein viel größeres Jungpferd ermahnen, dass es Verhaltensregeln gibt, die zu beachten sind. Mit der Zeit entscheiden vor allem Charakter und Selbstvertrauen eines Pferdes über seinen Platz in der Herde. Jungpferde halten sich aus Konflikten heraus und zeigen schnell das beschwichtigende Senkrechtkauen, wenn sie sich bedroht fühlen.

Das junge Pferd lernt schnell, welches Herdenmitglied sein Futter mit ihm teilt oder es krault und welches es sich besser auf Distanz hält. Die Fellpflege, bei der zwei Pferde Maul an Schweif nebeneinander stehen, um einander zu kraulen, lässt das Maß ihrer Vertrautheit erkennen. Junge

“Mit der Zeit entscheiden vor allem **Charakter** und **Selbstvertrauen** eines Pferdes über seinen **Platz** in der **Herde**.”

Gegenüber: *Eine Freundschaft zwischen jungen Pferden kann sehr innig sein und ein Leben lang andauern. Selbst wenn man sie für eine längere Zeit trennt, erkennen sie sich wieder, wenn sie sich nach Jahren wieder begegnen.*

Pferde warten meist darauf, dass dies von einem älteren Pferd ausgeht; in Gegenwart der Pferde, mit denen sie soziale Fellpflege betreiben, fühlen sie sich am wohlsten. Diese viel älteren und stärkeren Charaktere mit einer leitenden Rolle in der Herde können als Mentoren fungieren. Jungpferde bilden eine eigene Untergruppe innerhalb der Herde, die lockerer und toleranter gegenüber Grenzüberschreitungen ist. Oft gibt es jedoch in einer Hauspferdeherde nur ein einziges Jungpferd. Bei mehreren Jungpferden lernen diese Spiel und soziale Beziehungen auf zwei Ebenen kennen; aber auch ein einzelnes Jungpferd kann Glück haben und Spielkameraden finden. Jungpferde galoppieren gern, was sehr gut für ihre Entwicklung ist, denn dadurch werden die Muskeln gedehnt, die Knochendichte erhöht und das Bindegewebe verbessert. Außerdem gewinnen die Pferde an Trittsicherheit.

Eines der Argumente für das frühe Reiten und Ausbilden von Rennpferden bezieht sich auf den Nutzen, der daraus im späteren Leben für Knochen und Bindegewebe entsteht. Das Training von Rennpferden unter dem Sattel beginnt mit Jährlingen von etwa achtzehn Monaten. Je nach Wettbewerbsregeln der Rennvereine starten sie als Zwei- oder Dreijährige. Andere sind gegen dieses frühe Training und dafür, dass ein Jungpferd seine Kraft einfach durch ausgedehntes Spielen aufbaut.

Welches das richtige Alter ist, um mit dem Training eines Jungpferdes zu beginnen, ist stark umstritten. Während die unterschiedlichen Rassen oft verschieden schnell heranreifen, sind die meisten Experten der Ansicht, dass ein Pferd erst mit fünf Jahren ausgewachsen ist. Doch ein Pferd schon mit zwei, drei oder vier Jahren zu reiten, ist je nach Rasse und Tradition gang und gäbe. Die Knochenformation und andere wichtige körperliche Entwicklungsmerkmale spielen bei solchen Entscheidungen eine Rolle. Ebenso wichtig ist die emotionale und geistige Reife eines Pferdes für seine Ausbildung. Doch bevor die ernste Arbeit beginnt, wird ein sensibler Halter sein Pferd einem Basistraining unterziehen, damit es sich halftern und führen lässt und einfache Pflege wie Striegeln und Hufpflege duldet. Das kann dahingehend ausgeweitet werden, dass es vor einen Wagen gespannt wird und neben einem älteren Pferd im Schritt geht. Auch ein Geschicklichkeitstraining, bei dem das Pferd lernt, angstfrei mit Hindernissen umzugehen, während es vom Boden aus angewiesen wird, bietet einem Jungpferd Gelegenheit, Geist und Körper zu trainieren.

Es hat sich bewährt, mehrere Tage in Folge kurze Lektionen einzuführen und das Pferd dann einige Wochen lang nur spielen und der normalen Routine seiner Herde folgen zu lassen. Zu den sanften Methoden, einem Jungpferd gute Manieren

Gegenüber: *Während das Fohlenalter nur kurz währt, bilden sich die Eigenschaften des ausgewachsenen Pferdes bereits in seinen ersten Lebenswochen heraus.*

und den Umgang mit Menschen beizubringen, gehört, dass es regelmäßig zum Füttern in den Stall gebracht, eingefangen und auf eine andere Koppel gestellt wird und lernt, bei der Hufpflege still zu stehen.

Im Alter von zwei Jahren neigen Pferde zu aggressivem Verhalten. Es empfiehlt sich, nun auf dem bereits Gelernten, wie Schritt gehen oder Hufpflege, weiter aufzubauen, statt das Pferd mit viel Neuem zu konfrontieren. Erfolgt dies durch eine selbstbewusste Bezugsperson, wird sich das Pferd bereitwilliger darauf einlassen.

Ein ruhiges Durchsetzungsvermögen wird auch später noch Früchte tragen. Lernt ein Pferd, auf Befehl rückwärtszugehen, bietet das einen psychologischen Vorteil: Das Pferd wird auf diese Weise nicht nur beruhigt – es erkennt auch die Autorität seines Trainers an. Respektiert ein Pferd dessen Anweisungen, hat das weniger mit Unterwerfung zu tun, als mit dem Bedürfnis, sich seiner Führung anvertrauen zu können. Aggressives Verhalten und Widerstand können charakterlich bedingt sein, sind aber auch ein Zeichen von Unsicherheit. Ein Pferd, das lernt, ruhig und schnell auf seinen Trainer zu reagieren, ist langfristig weniger nervös und selbstbewusster.

Lernt ein Pferd die Welt entspannt kennen, macht es viel leichter Fortschritte. Lässt man dem Jungpferd also viel Zeit zum Spielen, ebnet das auch seinen Weg für ein späteres Leben als Reit- oder Zugpferd.

Wachstum

Das Erwachsenwerden verläuft bei Fohlen aller Rassen ähnlich. Bei der Geburt haben sie lange, dünne Beine – sogar die Beine des winzigen Minishetty-Fohlen sind im Verhältnis zu seinem Körper lang. Sie leisten ihnen wichtige Dienste, denn die Fohlen können von Geburt an stehen und laufen. Einige ihrer körperlichen Fähigkeiten sind angeboren und notwendig zum Überleben.

Fohlen haben kleine Köpfe und Körper, die schnell wachsen. Weniger schnell müssen ihre Beine bis zum Erwachsenenalter noch wachsen. Mit drei bis vier Jahren haben Jungpferde bereits ihre volle Körpergröße erreicht. Doch der Körper reift bis zur Vollendung des fünften Lebensjahrs weiter aus, bei manchen Rassen dauert dieser Prozess sogar länger. Ihr Hals entwickelt sich noch, und die Muskulatur wird am ganzen Körper runder und voller. Viele Jungpferde durchleben Phasen, in denen sie schlaksig, eckig und tapsig wirken, manchmal mit einem zu großen Kopf. Vorübergehend kann ihre Kruppe höher als der Widerrist sein. Für einen Pferdehalter ist das unangenehm, da er „abschüssig“ im Sattel sitzt und Rückenprobleme bei Pferd und Reiter die Folge sein können. Bei den meisten Jungpferden wächst

Links: *Ungestümes Galoppieren gehört zu den Vergnügungen der Jugend. Es stärkt Muskeln und Knochen und bildet Trittsicherheit und Beweglichkeit aus, während sich die Jungpferde ihres jugendlichen Übermuts erfreuen.*

sich das aus, die Vorderhand passt sich der Hinterhand an, und der Rücken des Pferdes wird gerade. Mit vier Jahren ist das Gebäude des Pferdes weitgehend ausgereift, und mit fünf Jahren gilt ein Pferd als erwachsen, selbst wenn es noch kompakter wird und weiter wächst.

Einige Merkmale treten bei manchen Rassen sehr früh auf. Eigenschaften wie Sprungfähigkeit oder Ausdauer können aufgrund der Zucht viel Potenzial bergen, doch das erweist sich erst, wenn das Pferd ausgewachsen ist.

Frühe Einflüsse

Pferde wachsen sehr schnell heran, und die niedliche Fohlenphase dauert nur wenige Monate an. Doch ein schlaksiger Jährling, der ungestüm über eine Koppel galoppiert, oder ein kühner – vielleicht auch scheuer – Zweijähriger, der zum Spielen aufgelegt ist oder plötzlich von Wut gepackt wird, ist mindestens ebenso attraktiv. Die Rasse bestimmt über Farbe, Gebäude und Temperament. Doch wie sich Pferde als Drei- oder Vierjährige entwickeln, wird weitgehend durch Ernährung, Pflege und die Interaktion mit der Herde in ihren frühen Tagen beeinflusst. Jedes Fohlen ist ein Individuum, das durch all diese Faktoren geprägt wird, ebenso wie das Pferd, das es später einmal wird. Das schenkt seinem Halter Freude, ist aber auch eine Herausforderung.

Jedes Fohlen ist ein **Individuum**, … ebenso wie das Pferd, das es später einmal wird. Das schenkt seinem Halter **Freude**, ist aber auch eine **Herausforderung**.

Schlusswort

Treue Gefährten

Pferde sind Geschöpfe nahezu unendlicher Vielfalt. Ihr Erscheinungsbild reicht vom beeindruckend majestätischen Pferd bis hin zum unwiderstehlich niedlichen Pony. Sie sind feurig dahinfliegende Kreaturen, die uns faszinieren, für uns arbeiten und gute Freunde sind. Dieses Buch hat einige der Gründe für die starke Verbindung beleuchtet, die der Mensch im Laufe der Jahrtausende zum Pferd aufgebaut hat.

Als Herdentiere sind Pferde trainierbar und kooperativ, sie reagieren positiv auf eine souveräne Führung, und als Beutetiere suchen sie Orte und Situationen auf, in denen keine Gefahr droht. Ihre kraftvolle Anmut und sicheren Instinkte lassen das Reiten zu einem Erlebnis echter Partnerschaft werden, und die Magie ihres Wesens sichert ihnen einen besonderen Platz in Mythen und Legenden. All dies, verbunden mit ihrer natürlichen Vielfalt an Größe, Farbe und Temperament macht das Pferd zu einem wunderbaren Gefährten bei der Arbeit und in der Freizeit.

Doch diese Beziehung birgt für uns als ihre Versorger und Reiter auch Verantwortung. Pferde sind keine Betriebsmittel, die zu unserem Vorteil geschaffen wurden – sie sind Lebewesen mit einem individuellem Charakter, starken Instinkten, eigenen Bedürfnissen und einem ausgeprägten Sicherheitsbestreben. Vor Tausenden von Jahren, als der Mensch begann, sie zu domestizieren, veränderte er damit ihre Zukunft grundlegend. Doch auch sie haben uns verändert, und diese Partnerschaft formte die menschliche Zivilisation.

Wenn wir die Führungsrolle mit Einfühlungsvermögen annehmen, können wir von unserem Verständnis für den Charakter des Pferdes profitieren. Allein das Beobachten von Pferden ermöglicht es, eine Menge über Gruppendynamik und auch über Entspannung und Energie zu lernen. Menschen sind Jäger und Rudeltieren ähnlicher als Herdentieren, doch haben Mensch und Pferd trotzdem viele gemeinsame Eigenschaften, vor allem das Bedürfnis, Teil einer sozialen Gemeinschaft zu sein und den eigenen Platz im Netzwerk der Beziehungen zu finden. Pferde ziehen uns an, weil wir ihnen gleichzeitig ähnlich und grundlegend anders sind. Vom Vertrauen des Pferdes auf seine Instinkte, von seinem Bewegungsdrang und der Freude daran, einfach nur mit Gefährten zusammen zu sein, können wir viel lernen. Pferde helfen dem Menschen dabei, sein hektisches modernes Leben entspannter anzugehen. Sie sind glücklicher in Gesellschaft von ruhigen, zuversichtlichen Menschen. Auch wir selbst sind glücklicher, wenn wir ruhig und zuversichtlich sind. So entsteht im Kontakt mit dem Pferd eine Win-win-Situation.

Vor meinem Fenster geht gerade der Sommer in den Herbst über. Die Moore sind braun, und leuchtend rote Beeren hängen wie verfrühter

Weihnachtsschmuck an den Ebereschen. Meine Pferde kommen morgens wieder zum Stall, um sich ihr Frühstück zu holen, und ihr glänzendes Sommerfell wird in Vorbereitung auf den Winter immer dicker. Ich will sie so lange wie möglich ohne Decke draußen lassen, damit sie ein dichtes Winterfell entwickeln. Bei jedem Mitglied meiner Herde sind die Bedürfnisse etwas anders gelagert. Darius ist jetzt ein alter Herr, seinem Futter mische ich einen Zusatz gegen seine steifen Schultern bei. Topaz wird unruhig, wenn er nicht ohne Weiteres nach draußen gelangt, deshalb befindet sich sein Futter an der offenen Front des Stalls. Rowan ist zur Hälfte Welsh-Cob und eine gute Futterverwerterin, also muss ich ihr Gewicht im Auge behalten. Die beiden Esel mögen keinen Regen; bei schlechtem Wetter bleiben sie lieber drinnen bei einer Extraportion Heu.

Klein-Ruby hat über den Sommer einen richtigen Wachstumsschub gemacht. Auch sie ist gut genährt, und man kann schon erkennen, wie sie später einmal aussehen wird: nicht sehr groß, aber kräftig wie ihre Quarter-Horse-Mutter und elegant wie ihr Appaloosa-Vater. Sie ist eine schokoladenbraune Graufalbstute, hat aber einige weiße Haare an der Hüfte – das ist der Appaloosa-Farbwechsel, der sich vielleicht noch weiter ausprägen wird. Sie gewöhnt sich erst an die walisischen Winter, und ich möchte, dass sie ihre Energie ins Wachstum steckt und nicht ins Warmhalten. Ich werde ihr doch bald eine Decke auflegen, allerdings erst einen Monat später als letztes Jahr. Die Minishettys kehren bald wieder nach Hause zurück, aber im nächsten Frühling kommen sie wieder. Die beiden Herden kennen sich jetzt so gut, dass sie einfach dort weitermachen werden, wo sie dieses Jahr aufgehört haben.

Pferde bringen Rhythmus ins Leben. Sie leben nach den Mustern ihrer Instinkte, ihrer Herde und der Jahreszeiten. Wenn wir sie beobachten und versorgen, können wir das Feingefühl gegenüber unserer Umwelt schärfen und lernen, ebenfalls die Anzeichen für Regen, Schnee, Sturm, brennende Sonne, Frühlingsgras und Winterschlamm zu erkennen. Im Umgang mit Tieren lernen wir die Körpersprache als Kommunikationsmittel zu schätzen. Die Freude an ihrer Schönheit und ihrer körperlichen Präsenz ist nur der Anfang all dessen, was die Liebe zum Pferd ausmacht.

Ich hoffe, die Fotos und Ideen dieses Buches tragen dazu bei, Verständnis für die Bedürfnisse des Pferdes und die Feinheiten seines Charakters zu vermitteln. Wallende Mähnen und edle Köpfe, struppige Schöpfe und runde, pummelige Körper: Sie alle sind schön, charaktervoll und bereit, Freundschaft mit dem Menschen zu schließen – ein tief verwurzelter Instinkt, der großes Glück bedeutet.

Glossar

Barfußgehen Wird ein Pferd nicht beschlagen, nutzen sich die Hufe wie in freier Wildbahn natürlich ab. Das soll die Hufe stärken und Hufeisen überflüssig machen.

Dilute-Gen Gen, das die Fellfarbe eines Pferdes heller erscheinen lässt.

Distanzreiten Wettkampfsport über lange Distanzen und oft in schwierigem Gelände, bei dem Fitness und Geschwindigkeit des Pferdes gewertet werden.

Gangart Die Grundgangarten sind Schritt, Trab und Galopp. Manche Pferderassen beherrschen darüber hinaus weitere Gangarten wie etwa den Tölt – ein spezieller Viertaktgang.

Gebäude Körperbau des Pferdes.

Gen Teil der DNA, der einen Plan der genetischen Informationen enthält. Gene enthalten alle Informationen zu Aufbau und Gesunderhaltung der Zellen eines Organismus und geben Merkmale an die Nachkommen weiter.

Herde Eine unabhängige Pferdegruppe entweder in freier Wildbahn oder in der Pferdehaltung. Für das Pferd ist alles, was über ein einzelnes Tier hinausgeht, eine Herde. Zu einer solchen Gruppe können auch regelmäßige Betreuer oder sogar andere Tierarten gehören.

Heterozygot Genpaar aus unterschiedlichen Genen.

Hinterhand Bezeichnet die hintere Hälfte des Pferdes, einschließlich der Hintergliedmaßen.

Homozygot Genpaar aus identischen Genen.

Klassische Reitkunst Auch bekannt als klassische Dressur oder Hohe Schule. Reitstil auf der Grundlage der natürlichen Bewegungsmuster von

Hengsten, die zu einer Reihe athletischer, tänzerischer Bewegungen weiterentwickelt wurden. Grundlage des modernen Dressurreitens.

Lateral Bei den lateralen Gangarten hebt das Pferd die jeweils gleichseitigen Beinpaare an.

Modifier-Gen Gen, das die körperliche Erscheinung eines Pferdes beeinflusst.

Prägung Instinktiver Lernprozess eines neugeborenen Tieres durch den Aufbau einer Beziehung zu seiner Mutter oder einem Muttererersatz, der auch artfremd sein kann.

Rasse Gruppe gleichartiger Pferde mit bestimmten Merkmalen, die meist durch absichtliche Züchtung auf diese Merkmale entstanden ist.

Rezessiv Gen mit Merkmalen, die von einem dominanten Gen unterdrückt werden.

Schule über der Erde Die Vorderbeine oder alle vier Beine des Pferdes berühren bei diesen Lektionen nicht den Boden.

Soziale Körperpflege Gegenseitige Körperpflege der Pferde als Zeichen des Vertrauens und der Bindung sowie aus praktischen Gründen.

Stockmaß Die Größe vom Boden bis zum Widerrist, der höchsten Stelle des Pferderückens.

Stutbuch In dieses Register wird die Abstammung eines Pferdes eingetragen.

Vorderhand Begriff, der Kopf, Hals, Schultern und Vordergliedmaßen des Pferdes zusammenfasst.

Wild lebend Ehemaliges Haustier, das wie ein echtes Wildpferd zu seiner wilden Lebensform zurückgekehrt ist.

Zuchtstandard oder Rassestandard Kennzeichnende Merkmale einer Rasse, die durch einen Zuchtverein anerkannt wurden.

Register

Bildnachweis

© Shutterstock.com: Volodymyr Burdiak 58–59, 205; Acon Cheng 29; constantine 202–203; DavidYoung 188–189; eastern light photography 50; Iakov Filimonov 98–99; Francey 126–127; Greenfire 178–179; gurinaleksandr 52–53; J. Helgason 16–17; Nicole Hollenstein 78; alersandr hunta 34–35; Olga_i 36–37, 44–45, 124–125, 128–129, 148–149, 150–151, 168–169; jacotakepics 118–119; Gail Johnson 49; Alexia Khruscheva 4–5, 104–105, 108–109; kislovas 12–13; Abramova Kseniya 114–115; Andrzej Kubik 130–131; Eduard Kyslynskyy 94, 186, 208–209, 214–215; lebanmax 96–97; Lenkadan 138–139, 172–173, 174–175, 190–191, 192–193; Neil Lockhart 20–21, 220–221; mariait 42, 102–103, 112; Miramiska 26–27; Kachalkin Oleg 30–31; Regien Paassen 40–41; pirita 116, 142–143, 176–177; Jeanne Provost 32, 39, 46–47; Scott E Read 8–9; Julia Remezova 182–183; Dmitry Saparov 216–217; smeola 68–69, 185; E. Spek 156–157; Michael Steden 120–121; TDway 196–197; Makarova Viktoria 2–3, 54–55, 66–67, 90–91, 123, 134–135; Zuzule 137, 140–141, 152, 162–163, 166, 167, 171, 194, 198–199, 206, 211.

© Getty Images: John Cancalosi 158; Maria itina 180–181; Frank Lukasseck 22–23; Laura Palazzolo 164–165; Jaana-Marja Rotinen 160–161; Marcus Rudolph 154–155; Anett Somogyvari 62, 146–147; Christiana Stawski 14.

© Wojciech Kwiatkowski: 1, 11, 18–19, 24–25, 57, 61, 64–65, 70–71, 72–73, 74–75, 76, 80–81, 82, 84–85, 86–87, 88–89, 93, 100, 106–107, 132–133, 144, 200, 212.

© Steve Rawlins: 111.